台湾「ワン」ダフルライフ

Kanbin Nagata

扶桑社

第一章 犬がうろつく街

第二章 犬との出会い方

第三章 台湾ドッグがうちに来た

第四章

台湾から日本へ

私の犬履歴書
永田かんびん
平成初期生まれ
5才～24才
ミニチュアダックス
CAMPARI
CINO
16才～31才
イタリアングレーハウンドと、ミニチュアダックスの、雑種

私が5歳の時 我が家に仲間入りしたのは 当時住んでいたオーストリアで買った血統書付きのミニチュアダックスフンドでした
ブリーダーさんがつけていた名前をそのままもらった
Certificate
This dog is
CAMPA
カンパリ（オス）
犬好き代表の母
犬はまあまあの、父
犬好き3兄妹の完成
兄
姉
わたし

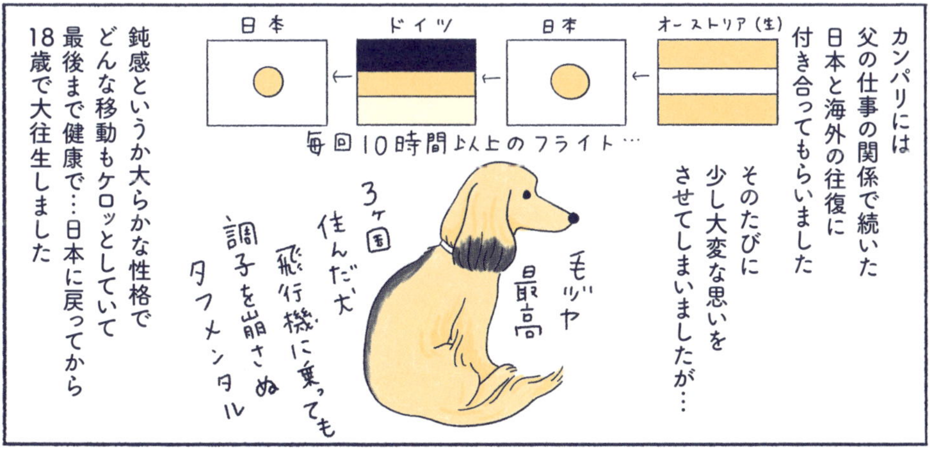
カンパリには父の仕事の関係で続いた日本と海外の往復に付き合ってもらいました
そのたびに少し大変な思いをさせてしまいましたが…
オーストリア（生）
日本
ドイツ
日本
毎回10時間以上のフライト…
毛ツヤ最高
3ヶ国住んだ犬
飛行機に乗っても調子を崩さぬタフメンタル
鈍感というか大らかな性格でどんな移動もケロッとしていて最後まで健康で…日本に戻ってから18歳で大往生しました

私が高校生のころ
我が家は保護犬を迎えました
先住犬カンパリは無理矢理同じ寝床に入ってくる新入りに納得がいっていない
トライアルを経て無事仲間入りを果たしカンパリにくっつく日々
出産経験もある推定2歳のイタリアングレーハウンドとダックスの雑種
カンパリは初老だったのでおちついた成犬を迎え入れた
チノ（メス）
極度に外と人間を恐れるトラウマを抱えた子でした
散歩で外に出ると震えが止まらない
ガクブル
来客があるとベッド下へ避難
暗闇に光る目…
ブランケットをふあさっとしただけで超ビビって逃げる
ビクッ
ピューーッ
譲渡会で椅子の下に隠れているところを覗き込んだ時
ブルブル
ハロー
瞳が不思議なマーブル模様で
絶対にこの子!!
うんうん
ヒソ…
おねがい…
と私が決めて引き取りました
16歳近くまで生きてくれました

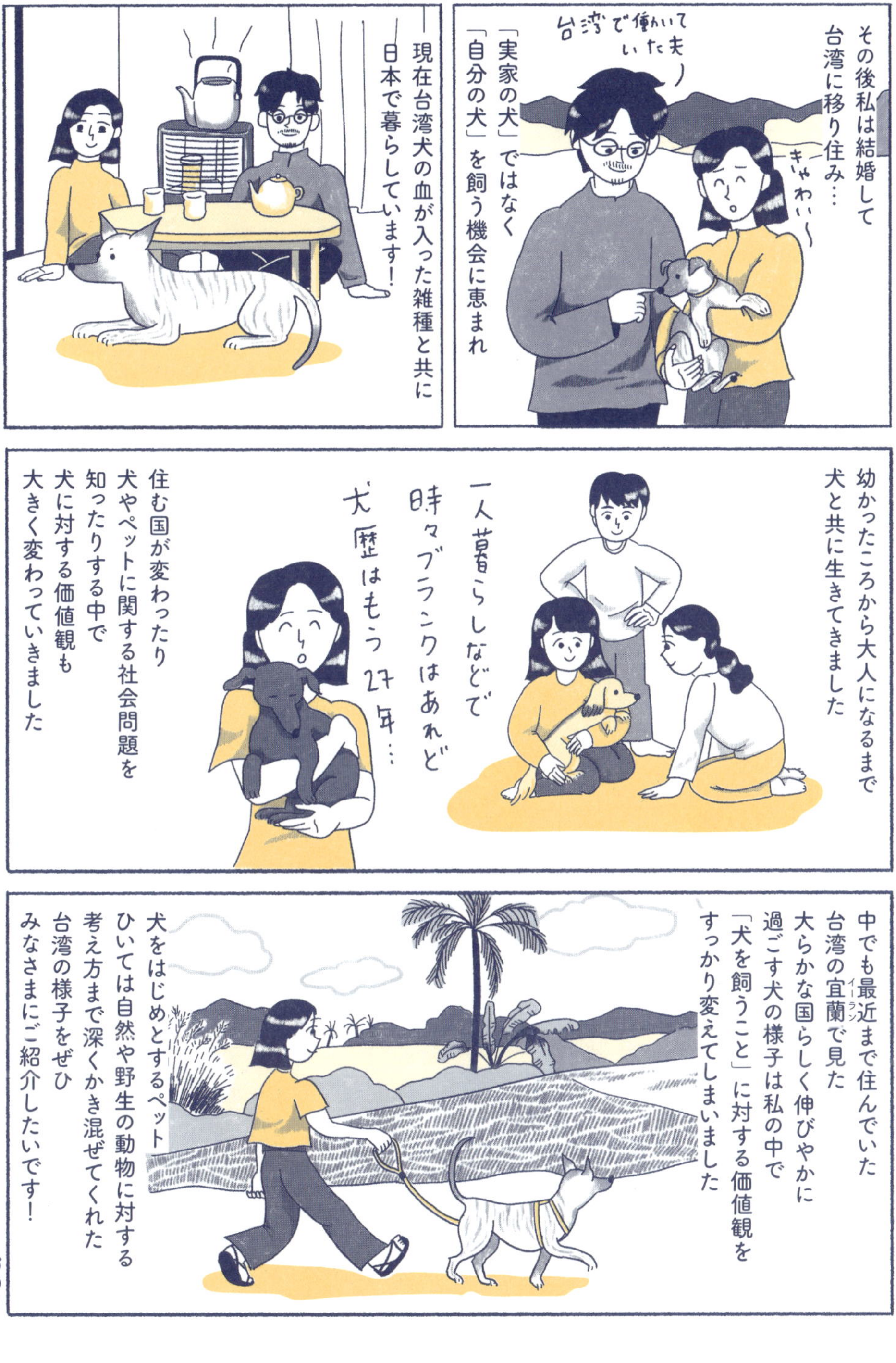
その後私は結婚して
台湾に移り住み…
台湾で働いていた夫ノ
きゃわい〜
「実家の犬」ではなく
「自分の犬」を飼う機会に恵まれ
現在台湾犬の血が入った雑種と共に
日本で暮らしています！
幼かったころから大人になるまで
犬と共に生きてきました
一人暮らしなどで
時々ブランクはあれど
犬歴はもう27年…
住む国が変わったり
犬やペットに関する社会問題を
知ったりする中で
犬に対する価値観も
大きく変わっていきました
中でも最近まで住んでいた
台湾の宜蘭《イーラン》で見た
大らかな国らしく伸びやかに
過ごす犬の様子は私の中で
「犬を飼うこと」に対する価値観を
すっかり変えてしまいました
犬をはじめとするペット
ひいては自然や野生の動物に対する
考え方まで深くかき混ぜてくれた
台湾の様子をぜひ
みなさまにご紹介したいです！

おわり

宜蘭《イーラン》って
こんな街MAP
宜蘭県はとても広いですが、
こちらの地図では宜蘭市を中心にご紹介します
台北
台中
花蓮
台南
高雄
屏東
蘭陽平原という扇状地に広がる
宜蘭の街は台北からのアクセスもよく
山、海、川の自然が
楽しめる街として人気です。
至礁溪《ジャオシー》
頭城《トウツェン》
礁溪（ジャオシー）は
日本統治時代に
日本人が作った温泉街。
頭城（トウツェン）は港町で
サーフィンが盛んです。
温泉街
雪山山脈
渭水之丘《ウェイスイ》
宜蘭市
昭應宮《ザオインゴン》
宜蘭バスターミナル
台北からはバスで
約1時間！
1日に何本も
便が出ています。
水が豊かに湧き出る
宜蘭。各湧水で作った
プールがあり、
夏は賑わいます。
湧水池
台北から台東のほうへ
抜ける電車も通っています。
駅の目の前の広場では
マーケットが定期開催
されています。
亀山島
舊城《ジョウツェン》
（旧市街）
丟丟噹《デュデュダン》広場
亀山島は宜蘭から
見える亀のような
形の島。宜蘭の象徴
ともいえます。
「舊城（ジョウツェン）」と
呼ばれる旧市街。
かつては城壁で囲まれていた
ところで古くから栄えてきた
エリアです。
田んぼの隙間に植わっている
葱が宜蘭の特産品。
葱を巻いた屋台フード
「葱油餅」が絶品。
三星葱
壯圍《ザンウェイ》砂丘ビジターセンター
田んぼ
田園風景も宜蘭の特徴。
米作りが盛んで、収穫後も水を
抜かないので水面に
囲まれた風景が美しいです。
宜蘭県庁舎
林業文化園区
太平山
羅東（ルオドン）はかつては
木材の運び出しで栄えた街。
羅東夜市は台湾の
三大夜市のひとつとして有名。
至羅東《ルオドン》

第一章

犬がうろつく街

台湾は犬天国
台湾・宜蘭――
台北からバスで1時間ちょっとの程よい田舎
水田が広がるこの街に私は2年間ほど住んでいました
便利さと自然の豊かさが両方身近にあり
ものすごく住みやすい大好きなこの街は…
角を曲がれば
おっとっと
犬!
急にいる
夜市の屋台も
燒烤
三星蔥肉串
いる
犬連れ!
まさに
犬天国
あやっ…こわいけどかわいいな…
さわりたい…

その天国でまず気づくのは
野良犬の多さ…
台北以外の台湾の田舎では
野良犬は当たり前の光景です
野良犬は
大きく分けて
街中で残飯を漁る
ストリートタイプと
山や海で
暮らしている
ネイチャータイプの
2種類がいるようです
つまり
どこにでもいます
彼らには行動範囲があるようで
大体同じようなところに
同じようなやつがいて
よく見かける野良犬に
いつもと違う場所で
出くわすと
こーんなとこまで
来てるんだねぇ
よっ!
よく一緒にいる2匹
知り合いの
ように
話しかけたく
なります

ゲッ
でもやっぱり
野良犬は恐いです
もし遭遇したら
少し距離があれば
目を合わせず
静かにゆっくり
立ち去ります
しかし
あるのです
うっかり至近距離で
出くわすことが…
けっこう近い・・・
あ…
そんな時は
目力を込め
強い気持ちを
もち
ぐっ
相手に向かって
音を出してみると
プシーッ
大抵向こうが立ち去ってくれます
そもそも野良犬は
不用意に近づいてきません
できればこちらも不用意に
驚かせないように
したいものです
フー…

おわり

自由行動犬の生態
ん？
首輪をつけている…？
台湾でそこらへんを歩き回る犬は野良だけではありません
あの家に入って行く…!?
飼い主がおり帰るべき家を持ちながら気ままに街を出歩く放し飼いの犬がいるのです
こういう犬を私は「自由行動犬」と呼んでいますが、その存在にはかなり衝撃を受けました
放し飼い!?
晴れた日にはひなたの道路に寝そべり
ベストな場所で用を足し
ナイスビュー☆
近所の犬を冷やかしに行ったりしても
様子見…
ごはんや寝床は安全な家が提供している…
こんな生き方があるなんて！

ある時
見慣れぬ子犬が
うろついており
近所の家が
飼い始めたことが
分かりました
過保護な飼い主だった私は
疑問だらけ…
いつOKと判断して
放すことに決めたの？
帰って来なかったら？
車にはねられたら？
連れ去られたら？
どゆこと!?
しかし こんな生活の
犬は家のまわりにも
たくさんいることに
気づき
アヌビスだ…
水牛がいる…
遠まわりしよう
車屋のトラだ…
勝手に名前をつけて
ライフスタイルの違いを
観察するのを
日々の楽しみにしていました
この子は抹茶
知り合いの犬です
犬に飢えていた私は
しょっちゅう
会いに行って
いました
気晴らしの散歩に誘うと
いつも一緒に来てくれる
フットワークの軽さ
これが自由を手にした
飼い犬のライフスタイルです
こっち？
なんとなく
意思疎通
できてる
気がする
チラ
来てるよー
アッ

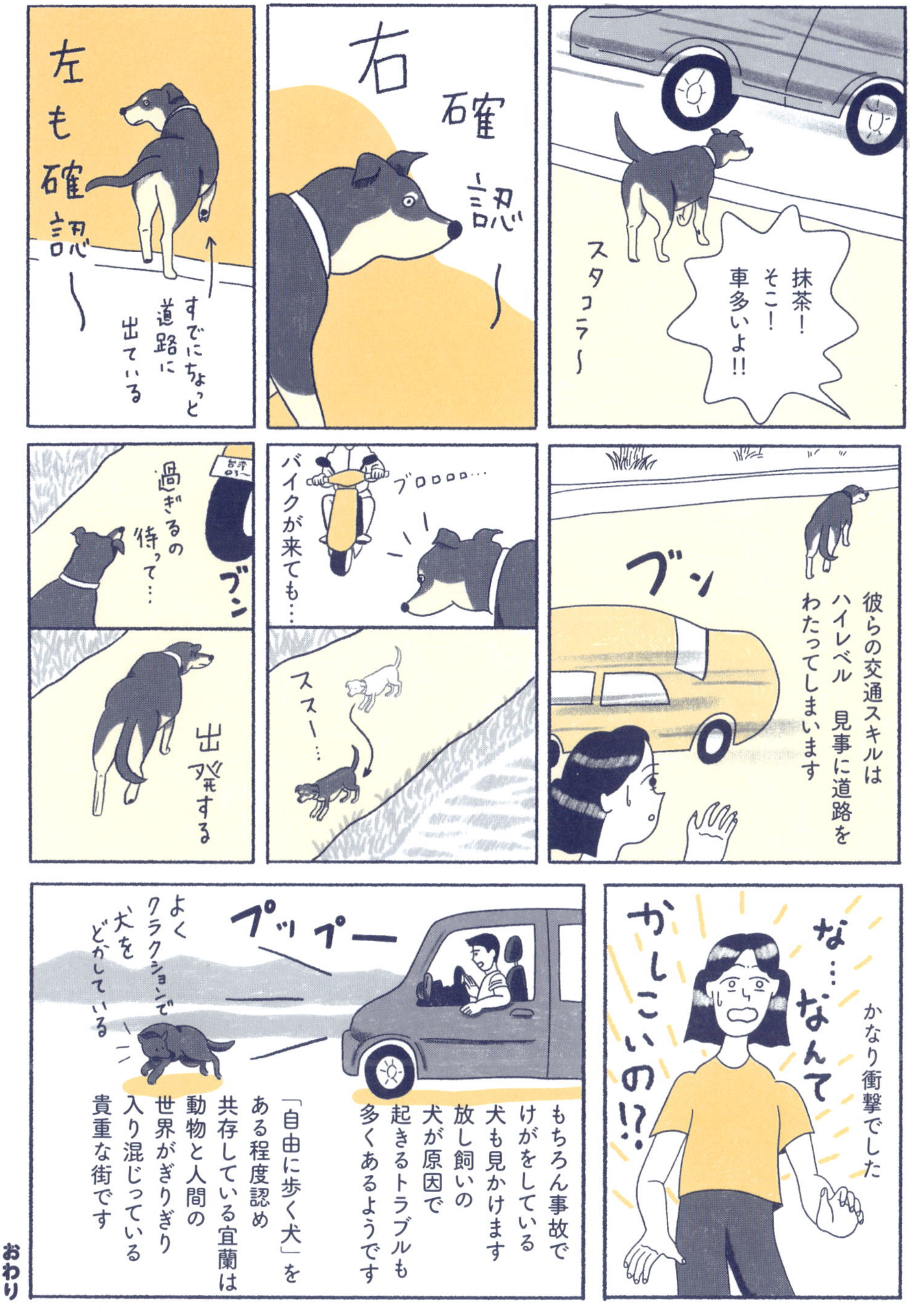
抹茶！
そこ！
車多いよ!!
スタコラ〜
右確認〜
左も確認〜
すでにちょっと道路に出ている
彼らの交通スキルはハイレベル
見事に道路をわたってしまいます
ブン
バイクが来ても…
ブロロロロ…
過ぎるの待って…
ブン
スス〜…
出発する
かなり衝撃でした
な…なんてかしこいの!?
プップー
よくクラクションで犬をどかしている
もちろん事故でけがをしている犬も見かけます
放し飼いの犬が原因で起きるトラブルも多くあるようです
「自由に歩く犬」をある程度認め共存している宜蘭は動物と人間の世界がぎりぎり入り混じっている貴重な街です
おわり

column

台湾の野良犬対策

台湾では2017年よりすべての公立動物収容施設で人道的殺処分が停止となりました。それまでは収容されて12日後に強制殺処分となっていましたが、2013年に動物保護団体が「ゼロ殺処分」を提唱、さらに野生動物の収容所での12日間を映したドキュメンタリー映画『十二夜』が公開されたことが追い風となり、実現した政策でした。

これにより台湾は、アジアではインドに次いで2番目に殺処分をしない国になりました。

殺処分がされなくなって2025年で9年目となりましたが、野良犬が大きな問題となっており、殺処分の復活や規制緩和を求める声もあるようです。一方で地域で野良犬に餌付けをする住民への啓蒙や「TVNR運動(捕獲・ワクチン接種・去勢手術・元の場所への返還)」の推進で、野良動物の増加を初期段階で抑制する取り組みが進められています。

台湾で片方の耳が少し欠けている野良犬を多く見かけることがあると思いますが、これは一度捕獲されワクチン接種・去勢などが済んだ犬である証拠です。

どこでも看板犬
台湾に来てすぐのころ ある飲食店で…
ちと お手洗い…
店が飼っていると思われる1匹の犬を見つけました
WC
ん?
当然のようにおとなしく寝ていて
おーい
ねてるのー
かわいー
ほかの客も全く気にしていないようでした
全く うごかない
パシャ
パシャ
行くよー
この店の看板犬なんだねー
ほくほく
また別の店でも
滷肉飯《ルーローハン》
どうもー

やはり看板犬がいて
越市美食店
あれっ
ねだるでもなく
客のそばでじっと
食べ物を見つめていました
この犬は
店の外もうろつく
自由行動犬でした
滷肉飯
焢肉飯
肉燥飯
どすんっ
店員が避けている
・・・
また市場では——
美食店
第一佳
果物と一緒に並んでいたり
犬用の毛布が敷かれている
レジカウンターにいたり

道路を走れば…
ブン
機車行
自動車整備店には看板犬がほぼ必ずいる気がするし
いる…
たいてい道路にはみ出ている
ほかにも
いる…
下午休息
星期日
雑貨店
入口にいる
レンタカー店
お客さん用のイスで寝ている
いるなぁ…
えっ?
夜市の屋台
犬はどこでしょう?
鳥蛋蝦燒
無敵大
燒烤
鳥蛋蝦
いる…!!
もはやいるのが当たり前すぎて「看板犬」とわざわざいうほどでもなさそうなのでした
こんなところにまで…

おわり

犬のお客さん
看板犬の多い台湾――
お店の犬
しかし「客」としての犬も多い
そう 飲食店に犬が入れることが多いのです
お客さんの犬
まず外席があればほぼ100％いけます
83°C Daily Cafe
いいなあ～
台湾によくある一階のピロティ通路部分を外席にしている

一年中
入口のドアが
開きっぱなし
屋内とはいえ
ほぼ外席のように
なっているお店も
案外いけます
カートやバッグなどに
入っていれば入店できる
可能性はさらにぐんと高くなります
dog
一見ダメそうでも
ダメ元で聞いてみると…
新品上市
あの席なら…
テーブルの下から
出ないなら…
結構融通がきくことも
お店の入口にこんなマークがあれば
寵物友善
ペットフレンドリー
という意味
もう絶対OKです
ある日　近所のカフェに行くと…
ウィーン

入口に
でーーん
えっ
ああ
この人の犬か…
8月
83℃
あれ ここ
チェーン店だよね？
チェーン店にも
関わらず
店内にたくさん
犬が…
みんな
おりこうだなあ…
ウィーン

つながれて
いない
ヨタヨタ…
そうかあ…
最初から
フリースタイルで
入って来るのも
ありなのね…
ワハハ
ボー
常連さんっぽい
ドリンク
待ちも
おりこう…
さんきゅ〜
あれっ
別の常連の友達に
聞いたところ
この犬は毎回
店員からミルクを
もらっているとか…
そっちのドリンク!?
チェーン店
でも融通が
きいてしまう
あたりが
とても
台湾らしい
なあと
思うのでした
おわり

台湾の
飼い犬
いろいろ
台湾の犬
飼い犬
野犬
貴族
雑ゆる
都会派
自然派
固定
自由
台湾の飼い犬には2種類の生き方があると思います
程よくほったらかされている雑ゆる犬と
雑ゆる犬
箱入りで育てられている貴族犬
貴族犬
です
雑ゆるは文字通り雑にゆるく育てられているのですがそこからさらに2種類に分かれます
台湾の犬
飼い犬
野犬
貴族
雑ゆる
都会派
自然派
固定
自由
まずは以前も出てきた放し飼いの自由行動犬
自由行動犬

もうひとつが
（ほぼ）一生固定犬です
ほぼ一生固定犬
鎖がいかつい
どうやら番犬として
飼われているみたいで
大抵はつながれています
そして
ものすごく
吠えている
正直彼らが一番かわいそうで…
どこにも連れて行ってもらっている
様子がありません
一生をその場で過ごすのです
一生固定犬は台湾犬の血が混じっている
雑種がほとんどに見えます
少しでも近づくと
すごい勢いで吠えてくるので
とにかくびっくりします
ワン
ワン
ワン
ワン
ワン
ワン
ワン
ワン
ワン
ワン
しかし　もっと恐いのは…
ぼー…

ワン
ワン ワン
ワン
ワン ワン
ワン
ワン ワン
わっ!!
吠えてくる系の自由行動犬です!
つながれてな〜〜い〜〜…
ウオン
ウオン
ワン
ウ〜〜ワン
ワン
冷静に……すばやく立ち去ること
ワン
ワン
ギャンギャン
そして貴族犬——
トリミングは必ず…
時には服も着て…
雑ゆる犬とは雰囲気がちがう
カートに乗ってお店やイベントに現れますちょっと都会的な雰囲気の方が連れてい(る気がし)ます
彼らは品種の分かる犬がほとんどです
おトイプー
おチワワ
お柴
貴族犬も雑ゆる犬も同じ街で見かけますが二極化しているなあと感じますいつかは一生固定犬のような飼い方もなくなっていくといいなと願います

おわり

犬たちの社会
近所のカフェにて……
あー外席は最高だ～
ん？
チリンチリーン
チリーン
てってってっ てっ てっ
おお～
てっ てっ てっ てっ
チリンチリーン
てっ てっ てっ
すごいおりこうだな～
軽やか～

また別の日に同じカフェに向かっていると…
あっ
またあの人たちだ！相変わらずおりこうだな…
てっ
てっ
てっ
あっ
自由行動犬になにやらすごくからまれている！
おりこう犬の飼い主の人はなにかを叫びながら追っ払っていました
そうか…自由だからこういう接触がありえるのか～
また近所を散歩中…
…
よっアヌビス～
オン
オン
オン
オン
やあやあめちゃ吠えのブル～

ワン
ウ〜〜
恐犬たち〜 今日もめっちゃ 吠えてるな
友達の犬
ヘイヘイ！ かわいいのう
あれっ アヌビス じゃん！
おいで〜 来るかい？
…
よっと
来ないわ じゃあね ヘイヘイ
アヌビスも じゃあね
…
あっ ヘイヘイに からみに行った
私が去ったとたんに…
犬だけの 交友関係が あることを 知りました

おわり

column

台湾華語

タイワントゥーゴウ
Táiwān tǔ gǒu
台灣土狗

台湾のそこらじゅうにいる
雑種をみんなざっくり
こう呼んでいる。

タイワンチュエン
Táiwān quǎn
台灣犬

犬種として登録された台湾原産の犬。
純血種はほとんど見かけることはない。

ハオクーアイオ
Hǎo kěài ō
好可愛喔
かわいいね

ブークーイー
Bù kěyǐ
不可以
だめだよ

グオライ
Guòlái
過來
おいで

デン
Děng
等
待て

ハオ
Hǎo
好
よし

ウォーショウ
Wòshǒu
握手
おて

ズオシャー
Zuò xià
坐下
おすわり

グァイグァイ
Guāiguāi
乖乖
いいこいいこ

犬と仲良くなる

タージャオ◯◯
Tā jiào ◯◯
它叫◯◯
名前は◯◯です

タージャオシェンマミンズ?
Tā jiào shénme míngzi?
它叫什麼名字?
犬の名前はなんですか?

フイア、シャオシン
Huì a, xiǎoxīn
會啊、小心
噛みます。気をつけて

ターフイヤオレンマ?
Tā huì yǎo rén ma?
它會咬人嗎?
人を噛みますか?

タースーシェンマピンジョン?
Tā shì shénme pǐnzhǒng?
它是什麼品種?
犬種はなんですか?

ブフイ
Bú huì
不會
噛まないですよ

ウォークーイーモーターマ?
Wǒ kěyǐ mō tā ma?
我可以摸它嗎?
触ってもいいですか?

クーイー
Kěyǐ
可以
いいですよ

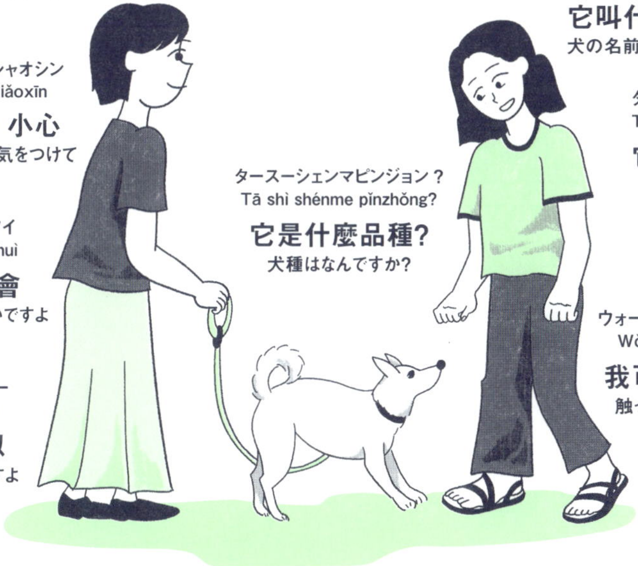

チャイチュエン
Cháiquǎn
柴犬
柴犬

ミークース
Mǐ kè sī
米克斯
ミックス

ラーチャンゴウ
Làcháng gǒu
臘腸狗
ダックスフンド

ラーブーラードゥオー
Lā bù lā duō
拉布拉多
ラブラドール

ワンジューグイビンチュエン
Wánjù guìbīn quǎn
玩具貴賓犬
トイプードル

よく散歩する道に
恐い犬がすごく来る家
がある…
こちら側から通りかかると
恐犬の家
大きい道路
田んぼ
水路
細い道路
自宅
けたたましい鳴き声とともに
ワン
ワン
ワン
ワン
ワン
ワン
ワン
ワン
来た来た…
←おそろしいので道路の反対側を歩く
黒い犬が2～3頭敷地の奥～のほうからこちらへやって来てとても恐い
ワン
ワン
ワン
ワン
ワン
ワン
ワン
ワン
ワン
ワン
ワン
ワン
高確率で門が開いている
見ないように通りすぎる
スタコラ～

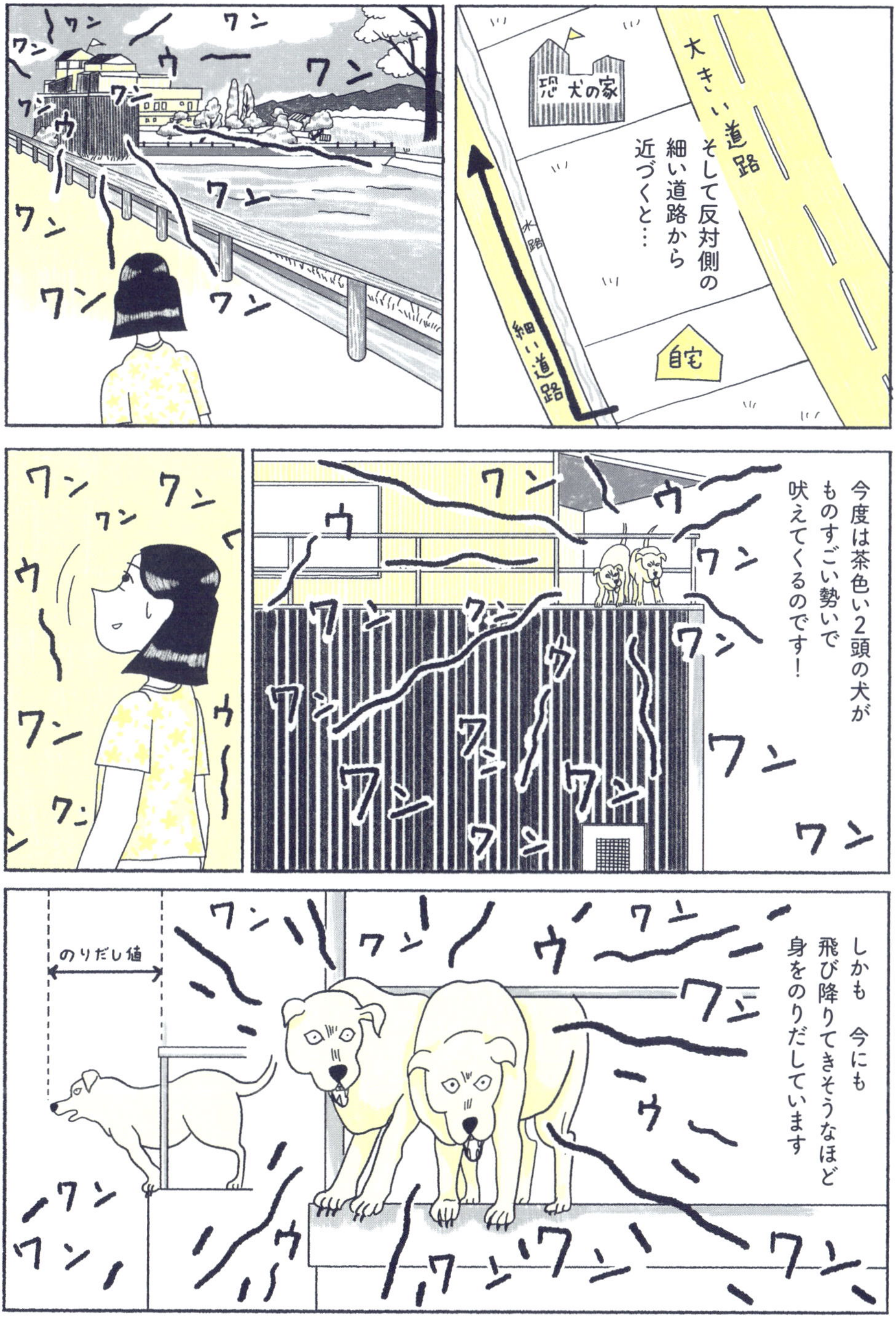
そして反対側の細い道路から近づくと…
大きい道路
恐犬の家
自宅
細い道路
水路
ワン
ウ〜
ワン
ワン
今度は茶色い2頭の犬がものすごい勢いで吠えてくるのです！
ワン
ウ〜
ワン
ワン
ウ〜
ワン
しかも 今にも飛び降りてきそうなほど身をのりだしています
のりだし値
ワン
ウ〜
ワン
ワン

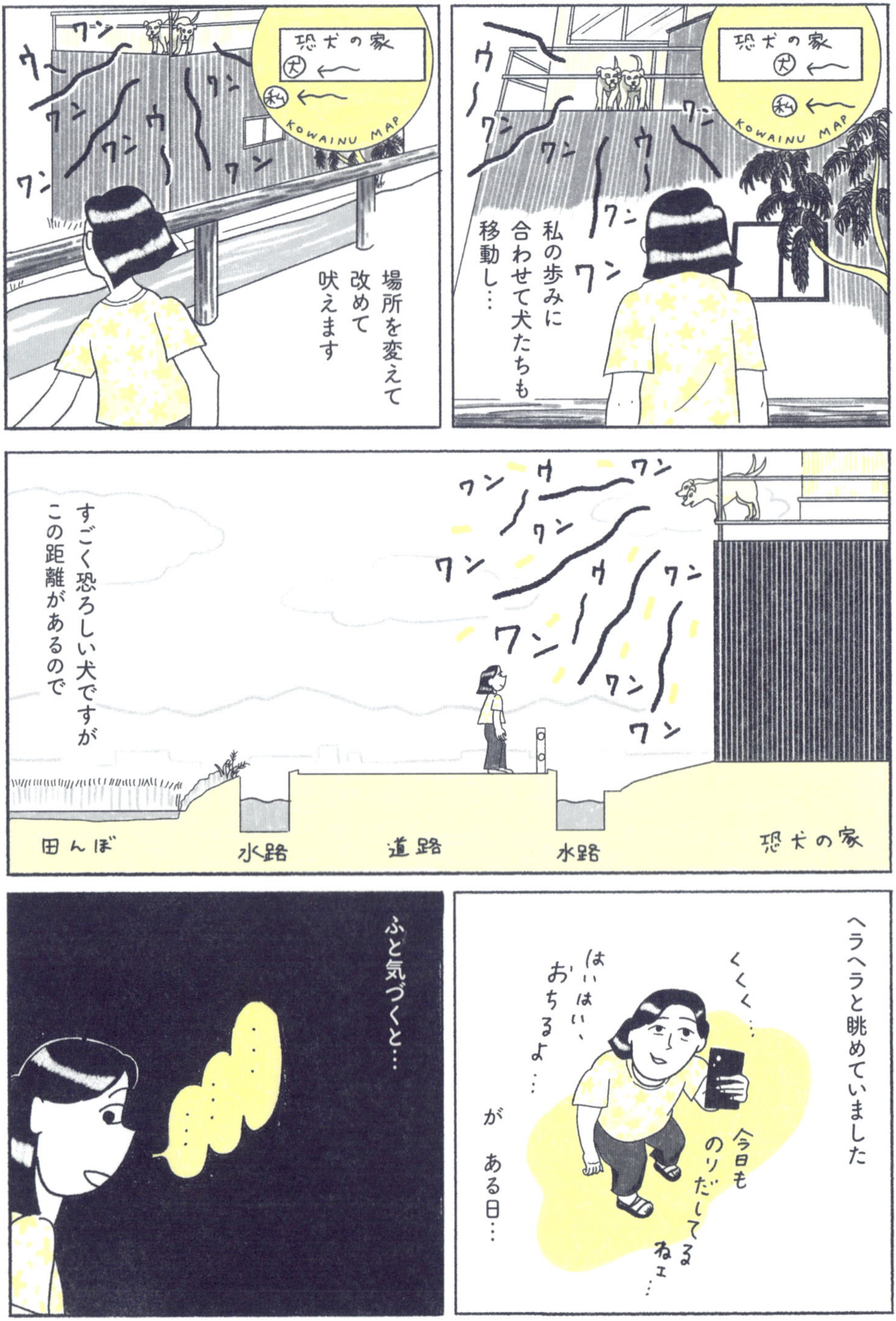
恐犬の家
犬
私
KOWAINU MAP
ウ〜
ワン
ワン
ウ〜
ワン
ワン
ワン
ワン
私の歩みに合わせて犬たちも移動し…
恐犬の家
犬
私
KOWAINU MAP
ウ〜
ワン
ワン
ウ〜
ワン
ワン
ワン
場所を変えて改めて吠えます
ワン
ウ
ワン
ワン
ワン
ワン
ウ
ワン
ワン
ワン
ワン
すごく恐ろしい犬ですがこの距離があるので
田んぼ
水路
道路
水路
恐犬の家
ヘラヘラと眺めていました
くくく…
はいはい、おちるよ…
今日ものりだしてるねェ…
がある日…
ふと気づくと…
………

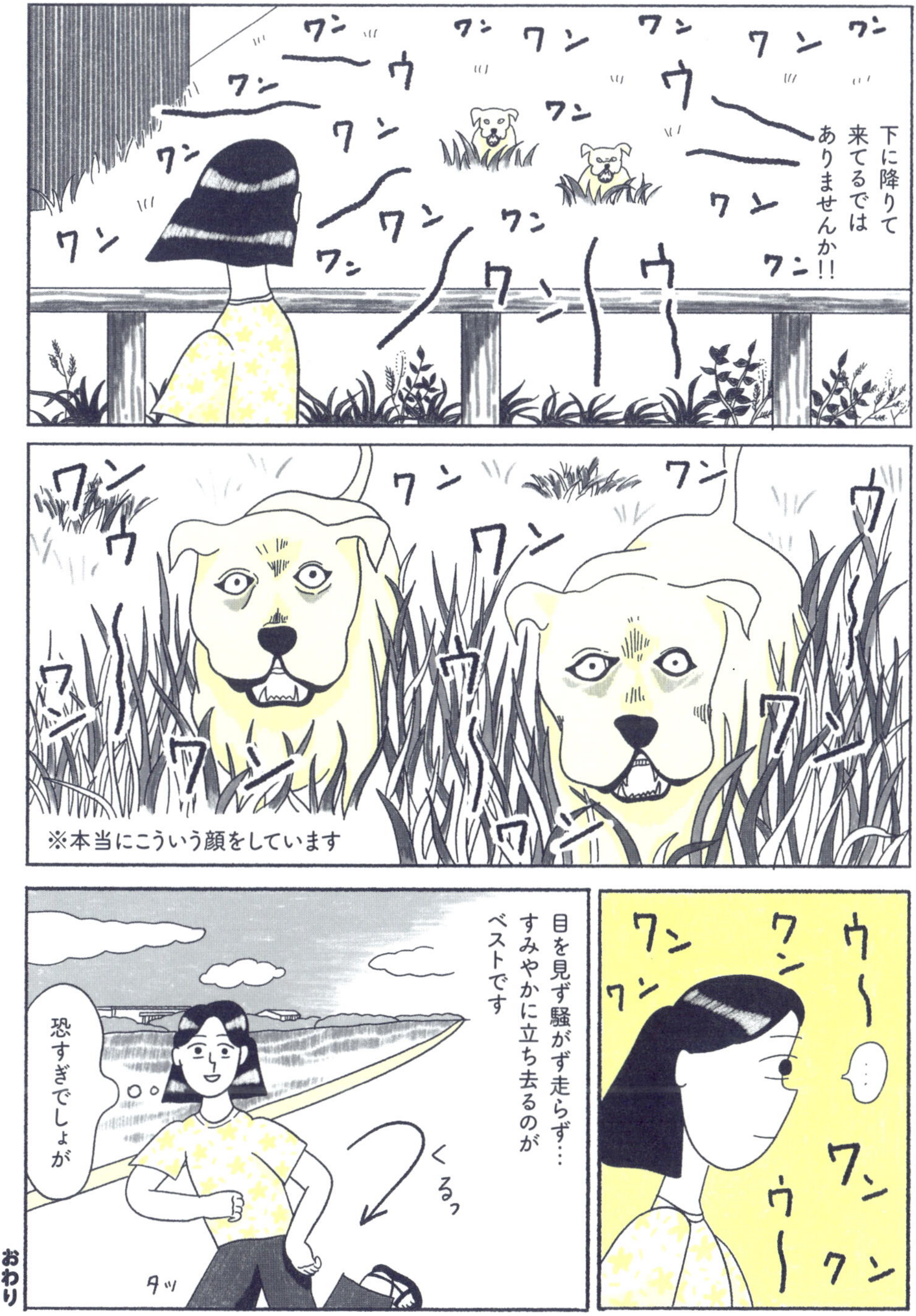

ワン ワン ワン ワン
ウ～
下に降りて来てるではありませんか!!
ワン ワン
ウ～
※本当にこういう顔をしています
ワン ワン ワン
ウ～
…
ワン
ウ～
ワン
目を見ず騒がず走らず…すみやかに立ち去るのがベストです
恐すぎでしょが
くるっ
タッ
おわり

建築現場で
暮らす犬
私の夫は建築士
台湾で建築設計業務に就き
現場を担当することもありました
ある日　担当する
現場に着くと…
おはよう
ございま〜す
えっ
犬!?
ぴょん
ぴょん
おう
いたから
ここで飼うわ
ここで!?
そういうのも
アリなんだ…
…

担当は公共建築の現場
長期間にわたって通います
その中で
犬も徐々に
成長していきます
飼われた犬のほかに兄弟か親犬が何匹か野良のままいてそれらに追い回されたこともあるそう
ギャー
このあとバイクに乗って逃げた
こやつら…ずっとこのままいるのかな？
やがて現場は竣工
広場完成
半年通った…
現場で飼っていた犬がその後どうなったかは今も分からないそうです

また 同僚の 別の現場では――
おーっす
いるんだよー
かわいー
現場の見学に来た
子犬が5～6匹 現場に 住みついていました
それから2年経って――
あの現場 また子犬 生まれたよ
ホラ
えっ!?
最初のころからだと もう3代目
編集
同じ現場で 3代にもわたって 犬が住みつく… 建物が完成したら どうなるのでしょうか?
野良犬の増加に 頭を抱える台湾ですが 気軽に餌付けをしてしまう ことも要因のひとつかも しれません
安全帽

おわり

野良犬以上、
飼い犬未満
ある養豚場の犬たち
番犬
番犬
自由行動犬
愛玩犬
???
夫と私の友人・京翰《ジンハン》の実家は養豚場です
ある時 その養豚場を見学する機会がありました
おじゃましまーす
泊まりに来た
ジンハンの実家は家の裏手に畜舎がありました
家族みんなで豚の世話をしています
ここから畜舎
家の離れ
その地域には養豚場が多く
他の養豚場も見学
どの養豚場も豚の防犯のために犬を飼っていました
しっぽ振って喜んでしまっている

しかしジンハンの家には豚の警備をしていない犬もいました
畜舎ではなく家の横につながれている
番犬というよりは愛玩犬として飼っているようです
庭のはしっこで寝る2匹
ジンハンのお父さん
じゃあ あの子らは?
うん あいつらも飼っているというか なんというか…
ん?
最初はこの黒い子だけだったんだよ 野良犬だったのを保護してね
そしたらある日…
こっちの子を連れて帰ってきたんだよ!
でも その子は絶対に触らせてくれない ただこの2匹は毎日絶対にいつでも一緒に行動するんだよ
いつも一緒!
今日だって…

いつものように
養豚場から
車で5分先の
精肉販売店のほうへ
出勤すると…
ブン
ほら
あいつらも
ついて来るんだ
たっ
たっ
たっ
到着すると…
精肉販売店
肉屋の敷地内の庭で寝る…
ほらね
自宅に帰ると
やっぱりついて来て…
ブーン
ほらね　餌ももちろん
あげてるよ
まさに野良犬以上
飼い犬未満…
こんな生き方の
犬もいるんだな

おわり

台湾の犬が
教えてくれたこと
水電維修
0911-207-628
台湾には――
自分の意思をもって
自由に過ごす犬が
たくさんいて
そこかしこで普通に
犬が寝ていたり
歩いたりしていて…
犬が好きな人もいれば
嫌いな人もいますが…
いずれにせよみんなその生活圏での
犬の存在を認めていると感じます
watsons 屈臣氏
ウィン
ドラッグストア
から出てくる
自由行動犬と
その飼い主、
それを こわがる女の子
なんというか 犬がそこで
犬らしくいるのは当然の権利として
認めているようなのです
SINCE 1930
当然
完全に店の入口の
通路で寝る看板犬
(しかも かなりクサイ)

そして台湾で暮らしていると
それは台湾のすべての
自然にいえることかも…
と気づきました
あっ…
例えば鳥は…
かわいい…
農村や街中でも
多種多様なものに出会えます
宜蘭に来てバードウォッチャーに…
鳥は一番身近な
野生動物だ…
木々や草花は
生命力豊かに
のびのびと育ち…
CAFE TAIPEI
台北のような
大都会でも
気持ちよく枝を
伸ばした大木に
すぐ出会えます
街中に超大木
人間が
自然のものを
コントロール
する意思が
強すぎない
のを感じる
それが台湾の
大らかさ
ふところの
深さで
本当に魅力的な
ところだと
思うのです

おわり

column

台湾犬ってどんな犬？

台湾にたくさんいる雑種の犬の多くは、台湾犬の血が混ざっています。こうした犬は俗に「台湾土狗」（タイワントゥーゴウ）と呼ばれます。

一方で純血種の台湾犬は別名フォルモサン・マウンテン・ドッグともいい、2015年に国際畜犬連盟に犬種認定されています。もともと台湾の山岳に住む原住民が狩りを共にしていた狩猟犬です。台湾犬の詳しい調査が行われた1980年代には純血種はわずか26頭しか見つかりませんでした。ただちに保護活動が始まり、今では非常に貴重で高価な犬種となっています。また、研究により南アジアの狩猟犬のルーツであることが分かっています。

台湾犬の特徴

数々の外部からの影響を受けてきた台湾。そこで暮らしてきた犬にももちろん影響が及びました。台湾の歴史を簡単に振り返りながら、台湾犬の歩みを見てみましょう。

1600年代、台湾を植民地化したオランダ。彼らは大陸から労働者を引き入れ、同時に欧州のグレーハウンドなどの狩猟犬を持ち込み、それらを使って鹿狩りを始めました。この時台湾に元々いた犬と、欧州から来た犬との交雑が進みました。オランダが去ったのち、清がやって来てからも犬を使った鹿狩りは継続して行われました。

そして1895年、日清戦争を経て台湾は日本に割譲されました。日本は台湾統治にあたり、台湾原住民（中国大陸からの移民以前に台湾に居住していた先住民の子孫）の抗日運動を押さえ込むのに苦心しました。当時そこで何があったか、ぜひ調べてみてください。悲惨な山岳戦で使われたのが「蕃人捜索犬」で、蕃人とは山岳原住民のことを指しました。日本人入植者も洋犬を持ち込み、土着の犬との交雑はさらに広がりました。また、当時軍用犬と

column

して多く繁殖されていたシェパードも入ってきます。シェパードと、山での活動に長けた台湾犬を軍用犬として交雑させました。

1945年、第二次世界大戦が終わり、日本統治も終わりました。今度は中国大陸から国民党軍がやって来て、台湾は反体制派が弾圧される「白色テロ」という苦難の時代を迎えます。そして1987年の戒厳令解除から、台湾の民主化が進んだころ、新たな「台湾」を模索し始める中で「台湾犬」の存在も見直され、大規模な調査研究が進み犬種認定へとつながりました。

そこら中に犬がいる台湾。実に多種多様な雑種がいます。彼らは複雑な台湾の歴史の末、交雑が進んだ犬たち。どれほど洋風な姿をしていても、舌を見ると黒い斑点がある犬もいて、台湾犬の血が入っていることに気づきます。「台灣土狗」は台湾の歴史そのものといえるのかもしれません。台湾に来たらその多様な犬の姿にもぜひ注目してください！

第二章

犬との出会い方

京《ジン》翰《ハン》と
嘿黑《ヘイヘイ》
やっと見つけた僕の犬
ジンハンは台湾南部の屏東《ピンドン》という街にある黒豚養豚場の息子です
おじいちゃんの代から養豚をしている
台湾、客家人の伝統ある家庭
家の裏手にある畜舎では常に犬を飼っていました
自宅に犬は5〜6匹いて犬に囲まれて育った彼は
いつか自分の犬がほしいなあ…
と思うようになりました

ある時近くの河原で
子犬を見つけ…
自転車のカゴに入れて
持ち帰ったこともあります
全部で5匹…
まもなくおばあちゃんにばれて
叱られ…
返してきなさい！
しかしあきらめきれなかったジンハンは
ごめんよう…
3匹だけ返した
家の裏にある豚の畜舎で
こっそり2匹だけ
飼おうとしました
やっぱりばれて怒られて
その子犬たちを
飼うことは
できませんでした

そんなジンハンも大人になり
宜蘭の建築事務所で
働き始めました
大学生のころに出会ったけど、学生だったので泣く泣くあきらめた
くぅー
こどものころからの
犬への思いは変わらず
飼いたいなあと
いつも思っていました
でも自ら探すのではなく
運命的に出会いたいという
思いももっていました
そんなある日…
…えっ
事務所の駐輪場にあった
同僚のバイクの上で
黒い犬が寝ていたのです！
ワイ
ワイ
この犬
昨日の会にいた子
じゃないー!?
うそだ!?
でも確かに
そんなふうに
見える
ぐいっ
なになに
何なの

前日の晩 離れた場所で開催していた事務所のイベントに
黒い子犬が迷い込んで来ていたというのです
もしその犬と同じ犬なら11kmの距離を自分でやって来たことになります
イベント会場
事務所
11km、車で16分の距離
数日後 犬はまだいて…
事務所のボス
もし餌をあげるなら責任もってちゃんと飼うんだよ
できないならかまっちゃいけないよ
うーん
同僚は誰も飼えそうにありませんでした
ついに僕の犬が現れた…
最初はちょっと
遠くから観察…
ヘイ! ヘイ!

いや〜こいつ
超かわいい
わあ〜
同僚
え…
こいつも
狙ってるのかな？
お…
俺 飼うわ！
早い者
勝ち!!
こうしてジンハンは
この黒い犬を
飼うと決め
嘿豆《ヘイドウ》と名づけました
あだ名はヘイヘイです
首輪をつけ
餌をあげ
最初は
放し飼いに
していたの
ですが…
ピョン
ピョン
ある日——
おう
あの黒い犬な
君が飼ってるん
だろ？ これ以上
畑を荒らしたら
命はないからな
す
すみません！

また別の日
キキーーッ
ドンッ
まさか…!?
ガチャ
あっ
ピューー
ジンパンの机
こやつ…絶対ひかれたじゃん…
プルプル
ヘイヘイの場所が見える寮の部屋に変えてもらった
結局社員寮の裏の大きな木のそばで飼うことに決めました

毎朝5時30分――
ワン
ワン
ワン
ワン
ねむ…
この時ようやく
ああ…僕は
今この犬を
飼ってるんだなぁ
と実感した
そうです
ヘイヘイは今6歳
嘿豆《ヘイドウ》
通称嘿黑《ヘイヘイ》
メス
25kg
今でも黒い子犬が迷い込んで来たという場所の近くに行くとヘイヘイに似た黒犬がいるような――
――気がするのでした
おわり

典子さんとツキ
あたたかいおなかの犬
宜蘭にある日本人が経営するゲストハウス――
ゲストハウス
ここで日本人の典子さんは働いていました
よし今日はイベント出店…
ガチャ
犬や…
外にある洗濯機の横に見知らぬ子犬がいるのを見つけました
環保
どうしよう私は飼われへんしなあ…

水だけ
あげとこう…
その日は外で仕事があったため
そのままゲストハウスを後にしました
いそげー
そして帰って来ると…
ふぅー
戻りました〜
あ
まだいた
ゲストハウスのお客さん
ずっとベンチの下にいたよ
…牛乳なら固形物じゃないしええかな…
あくまでこの子犬が数日生きるためだ
飼うわけじゃない
←イベントで使った牛乳
はい
ごく ごく ごく ごく
ごく ごく
あっ…目がキラキラしてる…
頼るならもっと違うとこあるよ…
ぐい ぐい
私はあまり力になれないぞー

そして犬の飼い主探しが始まりました
フェイスブックに
かきこみ…
ご近所で聞きこみ…
この犬の母犬とか知らない？
飼える人を募りましたが
飼わない!?
なかなか見つかりません
犬好きの友達が来た
ねえねえドッグシェルターとか知らない？
シェルターはいろいろな犬がいるからこのくらいの月齢の子は病気をもらってすぐ死んでしまうかも…
そうなんや…
よし…
あんたの飼い主
絶対に見つけてあげるからね！
蚊がいっぱいいるから家入っていいよ
あくまで蚊から守るため…
典子さんはどこまでかわいがっていいのかわからず戸惑っていました
フリフリ
うれしそう…
あくまで私は保護預かりなのだ…

保護預かりながらも紙コップでおもちゃを作り
段ボールで寝床も作りました
ただ　やっぱり
私はあくまで一時預かり…
と自分に言い聞かせていました
昼間は外に放していましたが…
ごみ出し行きたいけど　ついて来て危ないなあ…
ひょいっ
すたこら
あ…
ぎゅっ
しがみついてるおなか…
あったか～い
安心して頼ってくれているんだなあ…

そのうちに子犬を飼える人が現れツキと名づけられもらわれて行きました
またね
ご近所だったのでたまに典子さんが一時預かりもしていたのですが…
ピコン
今日
ツキのお世話をしてくれてありがとう
え…
そうか ツキはもう よその子…
典子さんはツキが急に遠くに行ってしまったような気がして心にぽっかり穴があいたようになってしまいました
そして結局無理を言ってツキを戻してもらったのです
典子さんはツキと一緒に暮らしていこうと心に決めたのでした
しかし…
あーーっ!!
ツキとの生活に初めは苦労しました
汚いモノ拾い食い
もぐもぐ
変なモノ食べないで!
コラ!
コラーッ
ツキ!!
絶対に触ってほしくないモノ
ハッ
キツく怒りすぎた…
届くところに置いた私が悪いのに…
たくさん悩み
しゅん
YouTubeで子犬飼育の勉強もたくさんしました
子犬には〜…
正しいほめ方で〜…

交通事故にもあいました
はっ!!
キキーーーッ
ツキーー!!
ガン
病院に行きましょう
幸い大きなケガはしませんでした
去勢手術がきっかけで大病をして手術もしました
終わりましたよ
ツキ…!!
ついて来てくれた友人
ツキ…!
ツキよくがんばりました
前は人前で泣くことなんてなかったのに…
感情のパッキンがバカになっちゃったなあ

そして半年が過ぎ
なんか分かってきたかも
ツキは私の思い通りにはならない
だから予想外のことをされても
そのことを頭ごなしに責めてはいけない！犬には犬の理由があるから
そしてできたことをたくさんほめてあげる
そしたらどんどん心が通じるようになったよね！
ツキはどうしてここに来たんだろう…
本当は神様に頼まれて私のところへ来たの？
ねぇねぇ
…
ツキは現在4歳典子さんが宜蘭に長く留まる大事な理由のひとつです
20kgにまで成長！

おわり

雅柔《ヤーロウ》と哈姆《ハム》
迷子犬の選んだ人
ヤーロウはグラフィックデザイナー 宜蘭市から車で40分くらいの街・頭城《トウツェン》のビジターセンター内で働いていました
4月のある日――
ふー……
ん?
犬が入り込んで来てるなあ…
首輪もしてるしそのうち飼い主が来るかな?
毛に埋もれているが首輪あり

しかし終業時間になっても…
帰るかあ～
え
まだいる…
ぽつん…
ビジターセンターの中も外も
誰もいなくなっていました
どうしよう
ちょっと遠いけど
動物病院に連れて
行ってマイクロチップ
がないか見てもらおう
それが
いいと思う
同僚
ほら行くよ
乗って
乗りたがらない…
乗ったこと
ないのかな…
じゃあ
ついてくるん
だよ!
いい!?
…

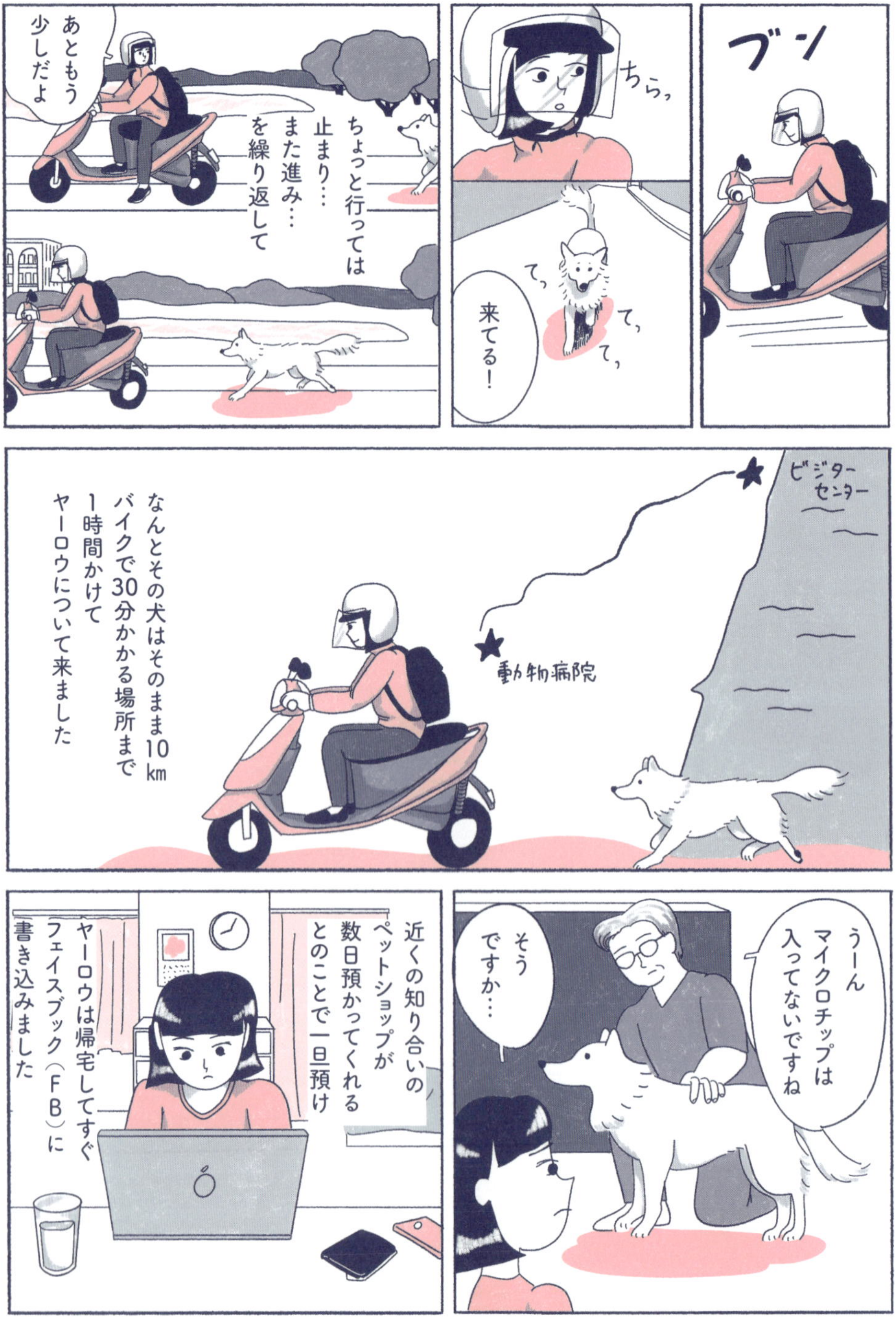
ブン
ちらっ
てっ
てっ
てっ
来てる！
ちょっと行っては止まり…また進み…を繰り返して
あともう少しだよ
ビジターセンター
動物病院
なんとその犬はそのまま10km
バイクで30分かかる場所まで
1時間かけて
ヤーロウについて来ました
うーん
マイクロチップは入ってないですね
そうですか…
近くの知り合いのペットショップが数日預かってくれるとのことで一旦預け
ヤーロウは帰宅してすぐフェイスブック（FB）に書き込みました

ヤーロウ
2016.4.20
迷い犬
ビジターセンターで犬を見つけました。どなたかご存知ないですか？オスで赤い首輪をしていて、おとなしいです。昨日仕事終わりに私のバイクの後ろをジャオシーまでついてきました。マイクロチップはありませんでした。面倒を見ることができないので、ペットショップの一時預かりの後は保健所にいって飼い主を待つことになると思います。早く家が見つかりますように！情報待っています。
台湾は日本よりFBが盛んなのでいろいろな掲示板に書き込みました
自分のプロフィールページ
宜蘭市の犬コミュニティページ
宜蘭市のページ
台北の犬コミュニティページ
見つかりますように…
数日後…
やっぱり狭いからそっちに置けそう？
ごめんねー
あー…
はい 分かりました
迷子の犬はヤーロウの家にやって来ました
犬飼ったことないんだよなあ… 飼い主いつ見つかるんだろうか？
ただいまー
一緒に住んでる彼氏
あっ！例の犬？
やばー めっちゃかわいー
もう飼っちゃおうよ！
えっ
軽っ…

名前は
なんとなくで
決めた哈姆《ハム》
こうして
生まれて
初めての犬との
生活が
始まりました
ハムが見つかったビジターセンターには
出勤の時　毎日連れて行き
飼い主が迎えに来るのを
待ちました
バイクに
乗れるようになった
しかし
飼い主は
現れません
でした
そして2ヶ月が経って…
飼い主はいっこうに
現れないし…
もはや　もう
離れたくないの
ですが!?
今さらさよなら
なんてムリ
もう飼っても
いいよね…？
ハムは現在9歳
ヤーロウと一緒に
暮らしています
おわり

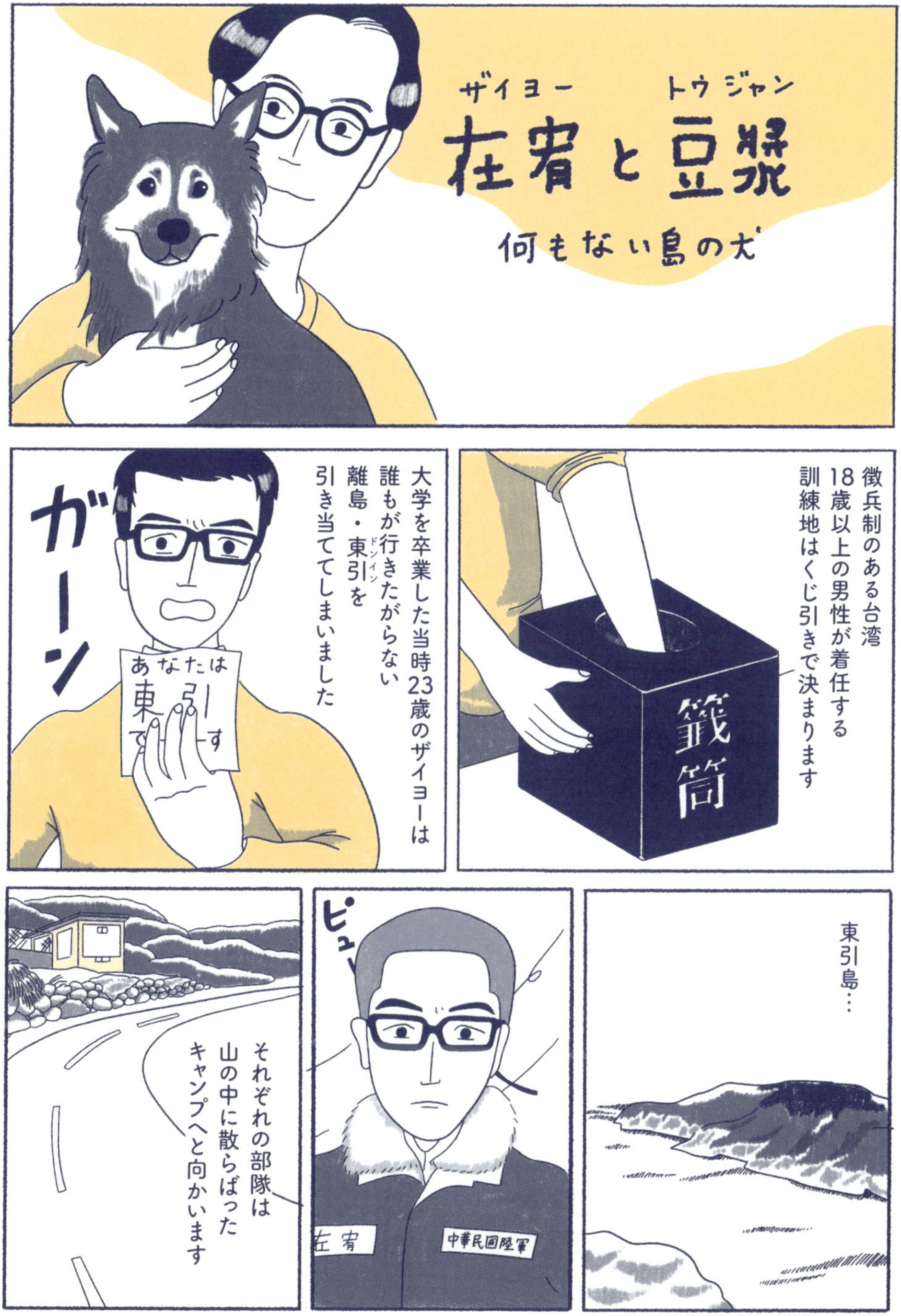
在宥《ザイヨー》と豆漿《トウジャン》
何もない島の犬
徴兵制のある台湾
18歳以上の男性が着任する
訓練地はくじ引きで決まります
籤筒
大学を卒業した当時23歳のザイヨーは
誰もが行きたがらない
離島・東引《ドンイン》を
引き当ててしまいました
ガーン
あなたは
東引
東引島…
在宥
中華民國陸軍
それぞれの部隊は
山の中に散らばった
キャンプへと向かいます

島にはいろんな姿形の野良犬が住みついていました
そして部隊でもまた犬を飼っていました
休みの日にその気になれば家に帰れる本島と違い離島はそうそう帰れません
やることもないのでエンタメや癒やしとして犬を飼っていたのです
若いやつは犬の世話を頼む
班長
はい
俺 ちょっと犬苦手なんだ
お願いしてもいい？
おっけ わかった
ザイヨーは4匹の犬の世話を任されました
何がしかの鉄骨部材にテキトーなベルトでつながれている
つなぎっぱなしか…

昼休憩には散歩へ連れて行き…
班長の分の肉をこっそり持ち出し
ちょっともらおう…
犬に与えることもありました
島には犬の餌など売っていなかったからです
最終的にザイヨーはネットで
どーん
狗的飼料
Chicken spec
Adult Dog 成犬
15kg
自腹で犬の餌を買っていました
4匹の中に1匹だけ毛色の違う犬がいて「豆漿《トウジャン》」と呼ばれていました
豆漿《トウジャン》は豆乳という意味
ザイヨーはちょっぴりこの犬のことを気に入っていました
おまえ吠えないよなあ
なんだかとても反応の薄い犬でした

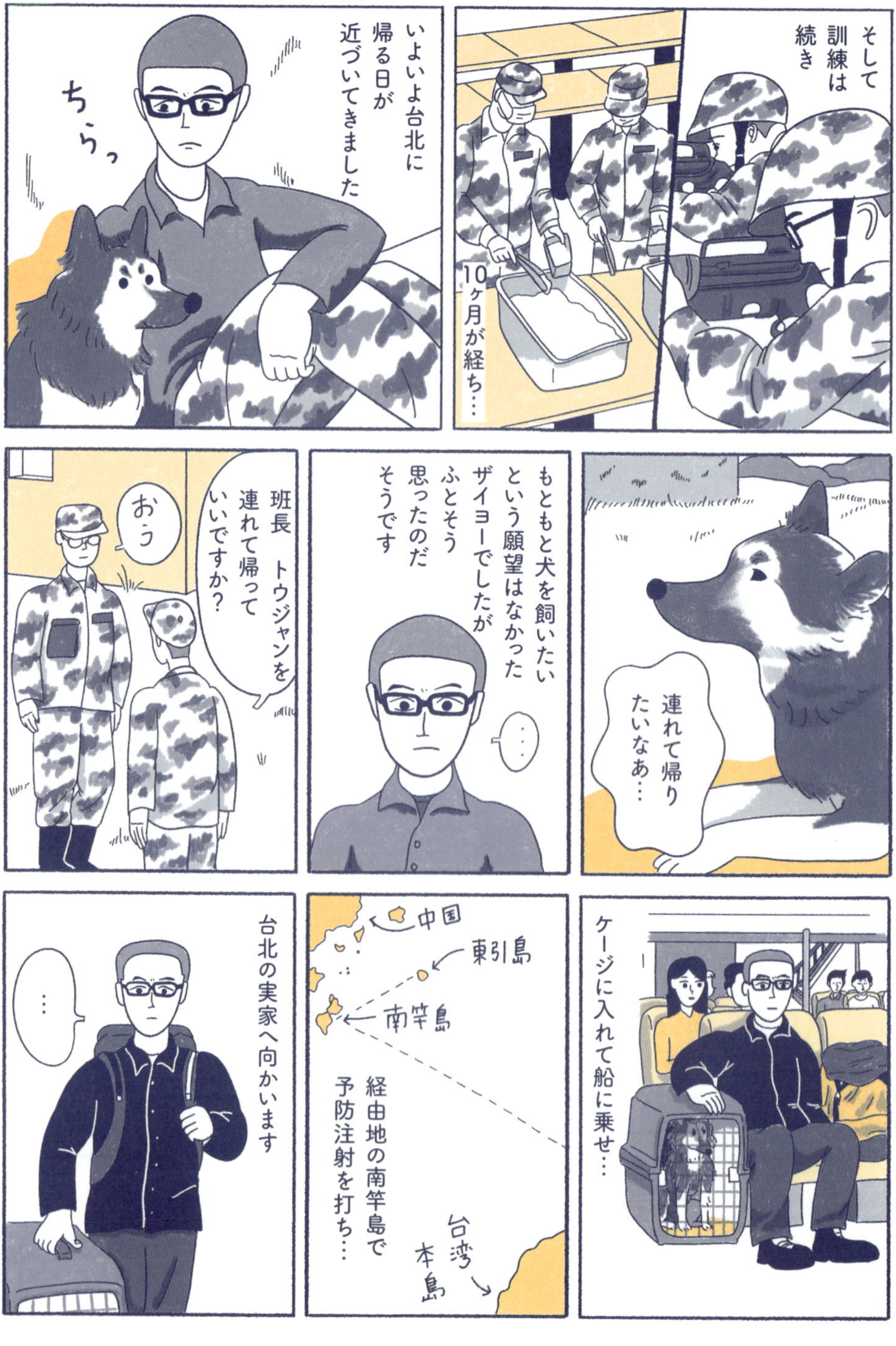
そして訓練は続き
10ヶ月が経ち…
いよいよ台北に帰る日が近づいてきました
ちらっ
連れて帰りたいなあ…
もともと犬を飼いたいという願望はなかったザイヨーでしたがふとそう思ったのだそうです
…
班長 トウジャンを連れて帰っていいですか？
おう
ケージに入れて船に乗せ…
中国
東引島
南竿島
台湾本島
経由地の南竿島で予防注射を打ち…
台北の実家へ向かいます
…

言ったら絶対ダメって言われるから母ちゃんに何にも言ってないんだよな…
ドキドキ
大丈夫かな…
ただいま
おかえり…って犬!?
なにーちょっと聞いてなーいかわいーいい
全く問題なさそうでした
ほっ…
その後 宜蘭の建築事務所に就職したザイヨー
徴兵は東引だったよ
うわーキツー
ん?
俺も東引だった!
ホント!?

え
2017年？
俺その1年前
おー
○○部隊
だったよ
あー
俺○○部隊
わいわいわい
えっ！
ちょっと待って
ということは!?
こいつ
トウジャン!?
え うん
なんで
知ってるの？
なんと
ザイヨーの前年に東引の別部隊にいた
同僚がトウジャンが生まれるところを
見ていたそうなのです
まじ？
あぁで
こうで
いやーまっさか
またトウジャンに
会えるとはなー
トウジャンは今11歳
相変わらずめったに吠えず
反応も薄いそうです
今は結婚して
みんなでロンドンに
住んでます

おわり

Kiki《キキ》と寶拉《ポーラ》
生き残るための名演技
ある肌寒い霧雨の降る
春の夜のこと
台北で働くキキは仕事から
帰るところでした
コンビニ寄って帰ろ…
ELEVEN
ん？
ん!?
そこにはプラスチックの
粗末なひもで
電柱にくくりつけられた
トラ柄の子犬がいました

すみません
あの犬って誰かの犬ですか？
いや…
分かりませんね
すみません
あの外にいる犬はお姉さんの？
いえ　違いますよ
向かいにある地元議員の事務所
あの犬は誰の犬か分かりますか？
うーん知らないですね…
ダメダメ…前の犬とお別れしたばかり…
今は犬は飼えないんだから…
キキはその子犬を見ないように遠回りをして家に帰ろうとしましたが…
こんな雨で…
寒くて…
――やっぱり犬の元へ戻って来てしまいました
タッ
すると…

わっ!!
ピョンッ
こんなん…
保護するしかないじゃん…
なんだか前脚がちょっと変みたい
よし
お医者さんに連れて行って
そこから飼い主を探してあげよう
しかし…
うーん
獣医さんに来た
どこも悪いところはないみたいですね
そうですか…
ほっ

キキは毎日フェイスブックに書き込んで飼える人を探しました
子犬を保護しています…
「とってもおとなしい良い子です」
「おなかもすぐ出しますしいたずらもしません」
「爪もおとなしく切らせてくれます」
実際とってもおとなしく飼いやすい犬だったのです
夫
ねえ　ちょっと隣の部屋で話そう
子犬に聞かれないようひそひそ声で話し「飼う」という言葉も使わないように注意している
どうする？あの子…
うん　まあ…どっちでもいいよ
どっち？いいのね？
うんいいよ

よし
じゃあ決まりね
ガチャ
さぁ
君は正式にうちの…
キイ…
さっきまでおとなしかった
子犬は突然大暴れ!
ダダダダダダダ
ダダ
ピュー
ぴょんぴょん
え…?
結局前脚もなんともないし
その後爪切りも全力拒否
やんちゃな子犬へと
豹変したのです
すべては演技だったと
しか思えません…
ビリビリビリ
ポーラと名づけられ現在7歳
26kgにまで成長し
キキたちと暮らしています
ソファーの背もたれの上に乗るのが好き

おわり

column

バイク犬を探せ！

バイク利用者が日本よりとても多い台湾。また、犬を連れて行ける場所も比較的多いので犬をバイクに乗せて出かけるのも当たり前です。大きな犬も、小さな犬も、みんなきちんとバイクに乗っています。買い物や食事の間バイクでお留守番をしている犬も多いです。そんなバイク犬コレクションをご紹介します。

第三章

台湾ドッグがうちに来た

犬への想いが募る日々
TAIWAN DOG
私の夫はまあまあの犬好きですが
台湾の犬についてはそこまで気にしていなかったようです
でも私が日々台湾の犬について熱弁していると…
あそこの犬はあーだ
台湾の犬はこーだ
犬について毎日報告
たしかにちょっと日本とは違うかも
気になり始めてる
しかも…
Formosan Mountain Dog!
台湾ドッグってのがいるらしい!
このころ 日本帰国も考え始めていたところでした
台湾の犬を連れて帰って日本で暮らすの…
すごーくいいねえ…
我々の中で台湾ドッグ熱がにわかに盛り上がり…
?
保護団体のSNSを毎日チェックしていました
foster_dog
見てよ!今日もこんな子が保護された!

でも…
そんな願望だけで飼ってもいいんだろうか?
とか…
台湾ドッグとか犬種にこだわってる自分たちの考えってどうなのよ?
とか…
踏ん切りはつきません
犬をチェック中
ふーむ
ムムム…
さらに周りの友人の犬との運命的な出会いを聞いていたので
運
命
運命の犬
そういった出会いにも憧れていました
そして…
キョロ
キョロ
はぐれた子犬…
「そこらへんではぐれてしまったかよわい野良子犬」を探す日々が始まりました
街で空き地や茂みを見つけると…
いるんじゃないかー?
ガサッ
その空き地をくまなく探したり…
いない…

ブーン
ん!?
バイクに乗っていても…
あそこに箱が!!
ブン
もしかして
くぅ〜ん
犬が捨てられていたのでは!?
ありえる…
…かも
引き返して…
箱
そ〜
ぐちゃ〜
パソコン関係のごみ…
だよね…
帰るか…
スチャ
台湾の犬は台湾でうっかり出会うもの!
そう信じて日々を過ごしていました

おわり

宜蘭おすすめグルメ

宜蘭に来たらぜひ食べてほしい
おすすめのグルメをご紹介します。

「眷村味」の滷肉飯（ルーローハン）

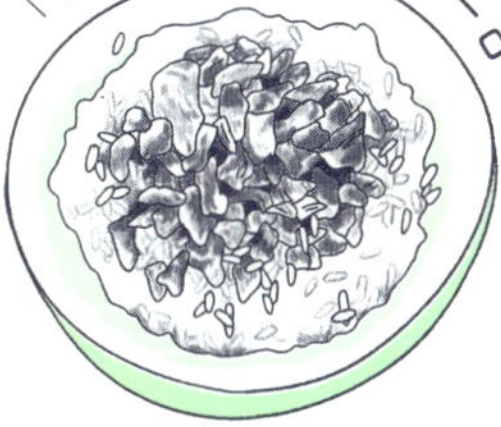

眷村《ジュンツン》とは戦後に中国大陸から国民党軍と共に移住してきた人々が住んでいたコミュニティ。大陸の味を懐かしんで作られた眷村グルメをふるまうお店は台湾に多くあります。宜蘭のこのお店は滷肉飯と水餃子が絶品で、旧市街の北のはずれにあります。

「拾松 宜蘭総店」の台湾料理いろいろ

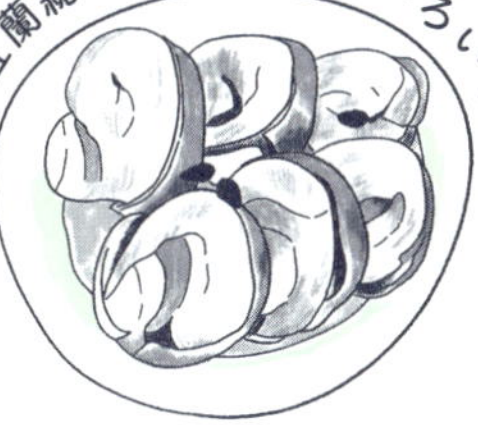

台湾料理をこまごま頼めるお店。シンプルな炒飯から特製揚げ焼きエビ餃子、紹興酒鶏、パッションフルーツ冬瓜、鶏スープ揚げ、蟹バター豆腐などなど、見たことのない料理がずらりと並んでいます。宜蘭バスターミナル近くにあります。

「成都李記雑醤麵館」の刀削混ぜ麺

四川の味、痺れのある辛みの料理が楽しめます。静かな店内のここではいつも刀削混ぜ麺を頼んでいました。とにかくしっかり混ぜてからいただくと、なぜか後半になればなるほどおいしいです。駅前通りを少し南に行ったはずれの通りにあります。

「品客牛肉麵」の牛肉麵

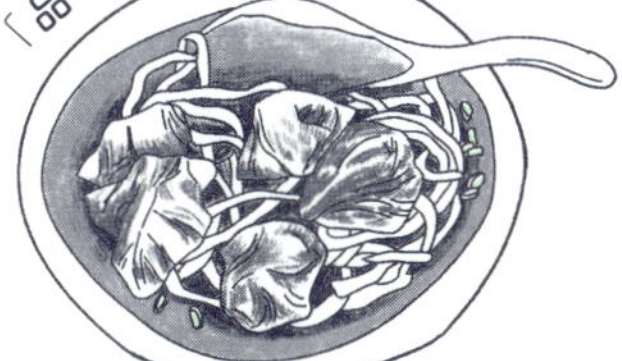

自宅の前庭を店舗にしている親しみやすいお店で、すっきりとしたスープの牛肉麺が名物。大きな塊の牛肉が日本ではなかなか出会えない美味しさ。台北よりも安く、かつ美味しい牛肉麺が食べられるお店です。宜蘭駅東側の住宅街の中にあります。

「老豫仔水餃」の水餃子

とにかく水餃子を食べるお店。熱々の水餃子を半屋外の客席で一年中いただけます。タレはにんにくや辛みなどを自分でカスタマイズする台湾スタイル。店先に並んだ揚げナスなどのおかず類も必食。旧市街を南に出た先の飲食店街にあります。

運命の出会いを探しに行く
ある正月休みのこと…
ジンハンが言ってたんだけど…
家からバイクで20分くらい
海岸A
海
川
海岸B
このあたりの海辺に野良犬がいっぱいいるみたいだよ
よし！行ってみよう！
ザザァ…
ザァ…
ブン
ザザァー
うーん…
ザァー…

ザザァー…ン
ザザ…
ザァー…
いない…
ねえ…
あれっ!
足跡があるよ!
あっちだ!
あっ!
どう見てもここが寝ぐらだ…!
木の幹と根でできた空間
でも いないねえ…
こっちは?
「寝ぐらの木」にはさまれたサイクリングロード…

ガサッ
ガサ
ガサ
あれっ なんかいるよ!
出… 出て来た!
怯えてる… よね?
ソローリ…
お… おーい
はろ〜
顔をそむけて友好の態度を表現してるつもり
来た… かわいい…
ソロ… ソローリ…
くんくん
あっ!
もっと来た! 見てる!
最終的に4匹の犬が現れました
最初に出てきた唯一のトラ柄
すごくすり寄ってくる
いかついけど
警戒して近付いてこない
一番警戒心なし
みんな左耳が垂れていて兄弟のようでした

みんな怯え気味ですが中にはおなかを見せてくれちゃう子も！
ぺろーん
いいの!?
人馴れしてるのかな？
すごい来るし…かわいいよ…
もし　もし　この子を連れて帰ったら…
すんご〜く良いだろうなあ…
いや　でも…
この子たちは兄弟4匹で楽しく自由に暮らしているんだ…
我々は飼えても1匹だけだし飼ったところでここの暮らしより良いはずない…
そうか…
だめだ…
次の日もまた別の海辺に行きましたが「はぐれて困っているかよわい子犬」には出会えませんでした

おわり

その犬は近くにいた!?
さすが台湾のFacebook!
私たちが犬を探していると騒いでいたら
ポラが「出勤」してると聞いて遊びに来た
ねえねえ
今日フェイスブックで見たんだけど
すぐ近くで子犬が9匹生まれたって
わら
わら
キャン
わあ〜〜〜〜
か…
かわいい…
わなわな…
わなわな
ど…どうする!?
トラ柄と黒の台湾ドッグ
どうする!? どうする!? どうする!?

と…
とりあえず
落ち着こう…
見に行くだけ行ってみようか!
うん
まあ見てみるか
と言いつつ行ったら確実に引き取ってしまう…と内心確信していました
もし万が一飼うことになったら…中だよね?
部屋を確認
じゃーん
万が一飼うことになった時のために段ボール持って来た
でかっ!
しかしその前にもっと大事なことが…
よし
行こう
うん
大家さんに断りを!
大家さんは夫の事務所のボスのお母さん
どうしたの?
あのー…まだ分からないけど
犬を飼うかもで…中で飼っても…いいですか?
犬?

犬ねえ…
まあ…
どーん
飼わないにこしたことはないね
がーん
近所に迷惑をかけないこと
トイレをきちんと処理すること
そういうのがきちんとできるならまあ…
いいわよ
ほっ…
あたしは犬大嫌いだけどね
じゃっ
ありがとうございます!
さっそくこの投稿の人に電話してみよう
陳さんね…

あの〜
フェイスブックを見て…
子犬を見に行きたい
のですが…
あ あと残り
3匹ですか!
えっ
あ もう
黒犬だけなん
ですね〜
…
もう6匹も
決まったんだ…
トラ柄がいいな〜
なんて思ってたけど…
ハッ
はい
はい
どうも〜
いかん
いかん
いやいやいや!
見た目がどうであれ
どんな犬も
かわいいのだ!
明日の10時で
約束できたよ!
俺も見に
行きたい
僕も
俺も行く
犬好きの同僚も
一緒に行くことに
なり
おうー
じゃあ車で
行こう
ついに明日
犬に出会うかも
しれません!
明日かあ…
ドキ
ドキ
ワク
ワク…

おわり

0秒譲渡
成立の日
その日 夫は犬を引き取る夢を 2回見たらしい…
しかも 引き取れそうで とうとう 引き取れない 夢…
あぁ〜
よし 出発しよう
どき どき
友達3人乗せて向かいます
引き取り手を募集していた 陳さんの家へ着くと…
農家さんのお宅
どうも〜
子犬がわらわらと 出て来ました!
キャン
キャン
いきなり 放し飼い!?
いる〜!!

キャン
キャン
わー
わー
トラ柄の子は予約済みであとは黒色の子が残ってるよ
ふむ…ん?
わー
ピュー
あの子はどうなんですか?
黒っぽいけどところどころ柄のあるどっちつかずなかんじ…
ああ あれは余ってるねメスだよ
そして20分ほど悩む…
ちょっと黒の子気になってる
「選ぶ」なんてゴーマンじゃないか!?
いいのかな…
みんなかわいい…
決めるだなんて…
ブツブツ
いいよ決めて
あの子柄も特別だし余ってるみたいだしあの子にしよう
あの子ね
うんうん
ヒソ…
陳さん決めました!
あの子を引き取ります!
わー
ピュー
じゃーん
富貴花開
うん いいよ持って行きな
…
え…以上!?
ぽかーん
え…っと あ…はい…

もうつかまえて終わりだって…こんなあっさり?
まあいいのか…
キャン
わー
わー
よし つかまえよう…
おいで…
ぴゅー
するり…
あれーっ
ぴゅー
わぁ~
完全においかけっこを楽しんでいる
お… おーい…
20分くらい経過
この子飼ったらすごい大変かもな
ゼーハー
しかしついに
ひょいっ
今日から…この子が…うちの子…!!
おめでとー
ハハハ
パシャ
パシャ

名前すら
名乗らなかったな…。
ありがとう
ひょいっ
きょとん
いつものバーガーテイクアウトしようか
めっちゃかわい〜〜〜
臭すぎるけど
かんわいい〜〜〜
まじでかわいい
みんなはよく行く朝食店でお昼ごはんを調達してくれている
名前さあ…
前から考えてた
あれにする?
うん
響きもいいし
ぴったり…
みんな〜
名前決めたよ〜
様子《ヤンズ》です!
ヤンズ!?
様子!?
ヤンズ…?
頭はトラ柄
胴体はほとんど黒い
足先もはっきりトラ柄
いろんな様子《ヤンズ》の柄があって…
日本語読みすると
日本の女の子の
名前みたいになるし
響きも好き
わいわい
へえ〜
いいじゃん!
様子!
ヤンズ!
ヤンズ!
こうしてヤンズが
我が家にやって来ました!

おわり

台湾式はむずかしい
ヤンズはその日のうちに医者に連れて行き予防注射などを受けました
生後2ヶ月くらいかな
誕生日は12月19日にしましょう
ノミの薬をしたので1日は洗わないでください
すごくフレンドリーなスタッフさん
ちょーかわいいね～♡
陳さんに飼われていたとはいえ台湾式の雑ゆる犬
プーン
ヤンズはこの時ものすごい悪臭を放っていました
家に帰ってからは用意していた超巨大段ボールに入ってもらいました
かわいい…
でもクサイ…
クサすぎる…
か、かわいすぎる…

それまで台湾の犬を見て
自由でたくましい姿に
感心していた私は…
今日見た犬は
野良犬で…
日々の犬メモ
犬をもし飼えたら
台湾式に大らかに
育てたい
あーだ
こーだ
どうの
こうの
過保護になるより
少々雑に育てたほうが
健康になる
などと豪語していました
が
しかし…
ちょこん
…
外飼いなんて
ありえない！
何があるか
分からない！
ムリムリ
さっそく台湾式の第一歩は
却下となりました
そして慌ててリサーチを
始めました
飼ってはじめて
出てくる
大量の
疑問…
子犬は絶対に
一緒に寝ては
いけないらしい！
サークルの中に
入れて鳴かれ
てもかまっちゃ
いけないらしい！
隣の小部屋で
寝てね
キュン
キュン
キュウーン…
キューン
キューン
キュン
キュン
キュ…
ウォーン
ウォオオ
…ん!?

ウォオオォオ
ウォオオ
バッ
すごい声…
これは近所迷惑だ！
キューウー
キュンキュン
小部屋から寝室に移動
おーい ここにいるからね
大丈夫かな…
このあと鳴き明かしました
翌朝…
げっそり
子犬って大変だ…
わたくしの人生犬とともにあり。
犬なら任せなさい！
…って言ってたじゃんか
思えば初代の世話はほとんど母が二代目は成犬になってからうちに来たから子犬のことはよく分かんないわ…
子犬って未知…
台湾式は過保護な人間には無理だし…
ねみー…
朝5時に初散歩
陳さんのところや近所の自由行動犬も放し飼いだけど…
一体どうなってんだ!? どうやってそんなことが可能に!?
戻ってくる確信があるのかな…
ホントに分からん
どっちでもいいのかな…

日中は私が出かける時は夫の事務所につないでおくことにしました
こまめにチェックするよ
よろしくたのむ
そして建築士である夫と同僚がヤンズの小屋を作ってくれました
仕事中、急に始まる
犬小屋づくり
基本は家にいる私も外に出かけることがあり
ヤンズごめんよ
クゥーンキューン
ヤンズを置いて行くのですが
友達とランチ
ヤンズ大丈夫かな?
首輪が抜けてないかな?
自由行動犬が来ていじめられてたりして…
…
ガタッ
ごめん ちと早いが帰るわ!
ヤンズ? いいよいいよ、
ヤンズ…
ヤンズ…
ヤンズ…
ブーン
ヤンズ
遊んでくれてる
おかえり〜
…
心配無用だった…
台湾式は夢のまた夢なのでした…

犬ニケーション
台湾で犬を飼ったら
絶対にやりたかったこと…
そう
憧れの
犬乗せバイク!!
前見たがる
飼い主は
足かなり
広げがち
MT-1921
ヤンズもそこを目指し…
友達の犬が使わなくなったドッグキャリーもらった
まずはカバンに入れて…
風に吹かせ慣れさせて…
餌で釣って
乗せて…

リードを超短く持つ
足でしっかりはさむ
しっかり持って…
よっ
自ら乗るように!
そしてついに…
ヤンズを連れていろいろなところへ繰り出します
よく行くカフェでは…
わあー子犬だ!
ストローあげるよ!遊びな!
また別のカフェでは…
にぎやかな店員さん
ぎゃー超かわいー!名前は!?
ヤンズです!
ヤンズ!?
え ヤンズ!?
アハハ
へー
はい かくかくしかじか
わい わい
へえー君たち日本人なんだ!
わい わい

そして今まであまり接点のなかった隣人も…
こんにちはー
あらこの子なのね
かわいいね この子だけ？
すいません うるさくて…
いや 2匹いると思ってたよ！ 本当にこの子だけ？
あの キューキューーン と キュ… ウォオオオオオオオオ… の鳴き声のことか…
そう…ちょっと 鳴き声が いろいろあって…
ほんと まだ子犬で ご迷惑おかけすると 思います すみません
ううん 全然気に してないよ
ヤンズきっかけで よく話すようになりました
さらにもうちょっと離れた近所のおじさんとも…
すいません その犬なんて 犬種なの？
台湾土狗《タイワントゥーゴウ》※ですよ
へ〜
あ、そう
話しかけられることが 増えました

※p.44 参照

ある日いつものカフェの外席にいると…
わあ〜〜
いや〜ん かわいいねえ
うちの子と同じくらいじゃない!? 何ヶ月くらい!?
この子台湾土狗?
そうです
台湾人が飼う柴犬の「ユキ」
うちのは柴犬だよ! ユキっていうの
この子はヤンズです
ヤンズ!?
日本人が飼う台湾犬雑種の「様子《ヤンズ》」
——人はないものねだりです
また別の日——
?
ヤンズ——!
ヤンズ!!
やっほー! うち近くなんだよ
あのカフェの店員さん!
5921
ヤンズのおかげで宜蘭中にたくさん知り合いができたのでした

おわり

台湾ドッグ
台湾を離れる
JAPAN
TAIWAN
ヤンズを引き取った時期に私たちはちょうど日本に本帰国することを検討し始めていました
どーしたもんかねぇ
あーでもない
こーでもない
引き取る前に唯一しっかり確認しておいたのも
ちゃんと連れて帰れるのか？という点です
この道の先輩は私の母です
20年も前に犬を日本へ
ドイツへ
そして日本へ連れて行った検疫熟練者です
犬を日本に連れて帰った時どんな感じだった？
・・・
すっごく大変だったんだからね
よーく調べるんだよ！
昔はネットもないし何回検疫に電話したことか…
書類もすごくたくさんいるし時間がかかるんだから
大変てことだけ伝わりました

2023年4月に調べた動物の日本への輸入の流れは大体こんな感じでした

飼ったらすぐ！

まず狂犬病の予防注射を2回打ちます
1回目と2回目の間隔は1ヶ月です

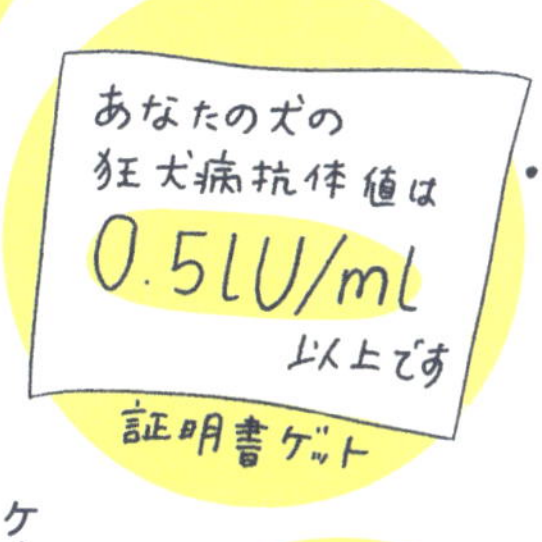
あなたの犬の狂犬病抗体値は
0.5IU/ml
以上です
証明書ゲット

次に狂犬病の抗体値が基準値以上になっているか検査クリアしていたら

STAY in TAIWAN

その日から180日間の国内待機です

半年間は台湾で待機か… うん まだ台湾にいる予定だから大丈夫だ

航空会社の規定をよく確認
基本は立ちあがって方向転換できるサイズ

ケージの中は安心できるところと教えておくのです
これは災害などで避難することになった時の備えにもなります

SAFE

ケージに慣れさせておくのも大事です
台湾から日本は3時間弱のフライト
出入国も含めたら5時間近く入ることになります

帰国40日前からは書類集めや連絡などで大忙し

犬の分の航空券を予約する

人間の席を予約してから
電話で問いあわせ

空港の検疫所に連絡する

メールですぐ
返事がくる

獣医師による身体検査

この犬は健康です。

地元の検疫所で証明書発行

宜蘭県 検疫所
犬も行く

などなど…
大変でしたが準備は着々と進みました

帰国も目前に迫ったある日…
うちらはまだ遊びに来れるけど…
成長して全身トラ柄に!
ヤンズは多分もうそう簡単にはここに戻って来られないんだよね…
宜蘭のにおいも、もう嗅げない…
いいのかなあ…
そして　久しぶりにヤンズが生まれた実家に顔を出してみました
ヤンズ!ママがいるよ!
緊張顔のヤンズ…
キリッ…
ヤンズにそっくり。
感動の再会となるのでしょうか!?
…ウ〜〜〜…
えっ
ウォン
ウォ
オン
オン
オンオン
ギャン
ギャン
全然覚えてないんかい…

情けないほどバタバタと引っ越し準備を進め…
引っ越し荷物を片付け…
郵便局に毎日通い…
検疫の書類を確認し…
真剣…
ついに 日本に帰る日が来ました…
よし
全部載った
ぱん ぱん…
友人が空港まで車を出してくれます
ヤンズは書類をチェックされ
ヤンズ出国
ガコッ
預け荷物と一緒にベルトコンベアで向こう側へと運ばれて行きました
ああ…がんばれ…
台湾の友人との涙の別れは泣く泣く割愛して…
日本の空港に着くとまず検疫カウンターに向かいそこでヤンズを待ちます
検疫
Quarantine
ほどなくして別の出入口からヤンズが出て来ました
検疫カウンターでチェックを受けて…
空港内はまだ出せない

ヤンズ日本入国です！
まずはトイレだ!!
ところが…行けども行けども草が一本も生えていない！
ピュー
木はあっても土がない
土がないとなかなかできない
これが東京か…
30分かけて見つけたむきだしの土にようやく日本初おトイレを果たしました
一安心…
こうして台湾ドッグ雑種のヤンズは日本に上陸
初めての日本の家…寒い寒い1月のことでした
寒すぎて服を買った
台湾との気温差にやられた私たちは2回ずつ風邪をひき…
ヤンズは布団から出て来なくなりました
ここにいる
おわり

台湾で、犬と暮らして考えた
台湾に住んで
犬を飼って
犬の幸せとは何か
自然とは何か…なんてことまで
考えることになりました
そもそも私は
人間に飼われている犬こそが
幸せだと思い込んでいました
でも自由に自然の中をかけまわる
台湾の犬を見て　こちらが本当の犬の
幸せなんじゃないか？
人間は　本当に犬のためを思って
犬を飼えているのか？
と改めて考えるきっかけになりました
無責任な
放し飼いや
増え続ける
野良犬は
もちろん 問題です

例えば…台湾では
犬が好き勝手に暮らすと
畑を荒らすので嫌いという人もいます
近所の畑を自由行動犬が歩いてるのはよく見る
また 日本の犬の
飼育本の中では
犬は道でトイレをさせないようにしましょう! どうしても、という場合はトイレシートをしいてそこでさせるのがマナーです。
と書いてあるのもあります
だけど…
その畑も道も
もともとは
自然のもの
すべての動植物が
等しく使えた
場所だったのでは?
いつから私たちは
地上のものすべてを
ほかの動物から
囲って使わせない
権利を得たのだろう?
高電圧 きけん
さわるな!
害獣リスト
シカ イノシシ
ネズミ ハクビシン
アライグマ イタチ…
「害獣」を生み出したのは
私たちじゃない?
と考えてしまうことも
自然のサイクルからかけ離れた
人間の暮らしが広がる中で
自然災害や疫病が起きていることを
忘れてはいないだろうか? とか…
しかし 今日の自分はそうした
人間社会に守られて暮らしていて
そんなことを声高に言える
立場にないことは分かっています

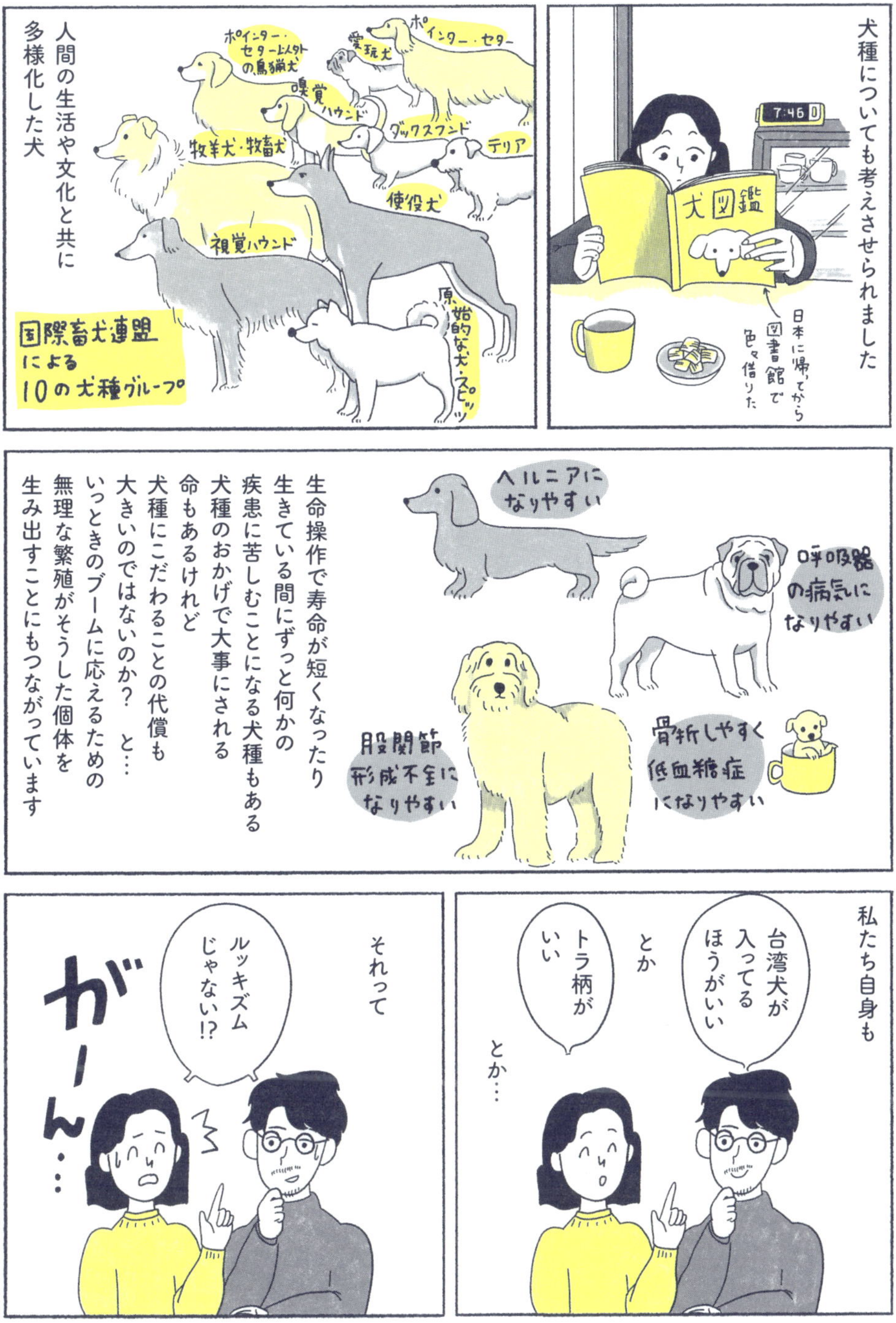

犬種についても考えさせられました
7:46
犬図鑑
日本に帰ってから図書館で色々借りた
人間の生活や文化と共に多様化した犬
ポインター・セター
愛玩犬
ポインター・セター以外の鳥猟犬
嗅覚ハウンド
ダックスフンド
テリア
牧羊犬・牧畜犬
使役犬
視覚ハウンド
原始的な犬・スピッツ
国際畜犬連盟による10の犬種グループ
ヘルニアになりやすい
呼吸器の病気になりやすい
骨折しやすく低血糖症になりやすい
股関節形成不全になりやすい
生命操作で寿命が短くなったり
生きている間にずっと何かの
疾患に苦しむことになる犬種もある
犬種のおかげで大事にされる
命もあるけれど
犬種にこだわることの代償も
大きいのではないのか？ と…
いっときのブームに応えるための
無理な繁殖がそうした個体を
生み出すことにもつながっています
私たち自身も
台湾犬が入ってるほうがいい
とか
トラ柄がいい
とか…
それって
ルッキズムじゃない!?
が〜ん…

DOG &
そして…
犬って「買う」べきものでしょうか？
今 日本や台湾でも起きている
捨て犬や悪徳業者の問題は
犬をお金のための商品として扱う
一部の売り手側
カバンや家のようにモノとしてとらえる
一部の買い手側がいることに
起因しています
犬と一緒に暮らすには
「買う」ことだけが手段ではないはず
台湾で暮らして
本当に犬の幸せについて
たくさん考えさせられました
世の中には多様な
考え方があり
完璧な正解などないのは
分かっています
ただ私が確信を
もって言えるのは

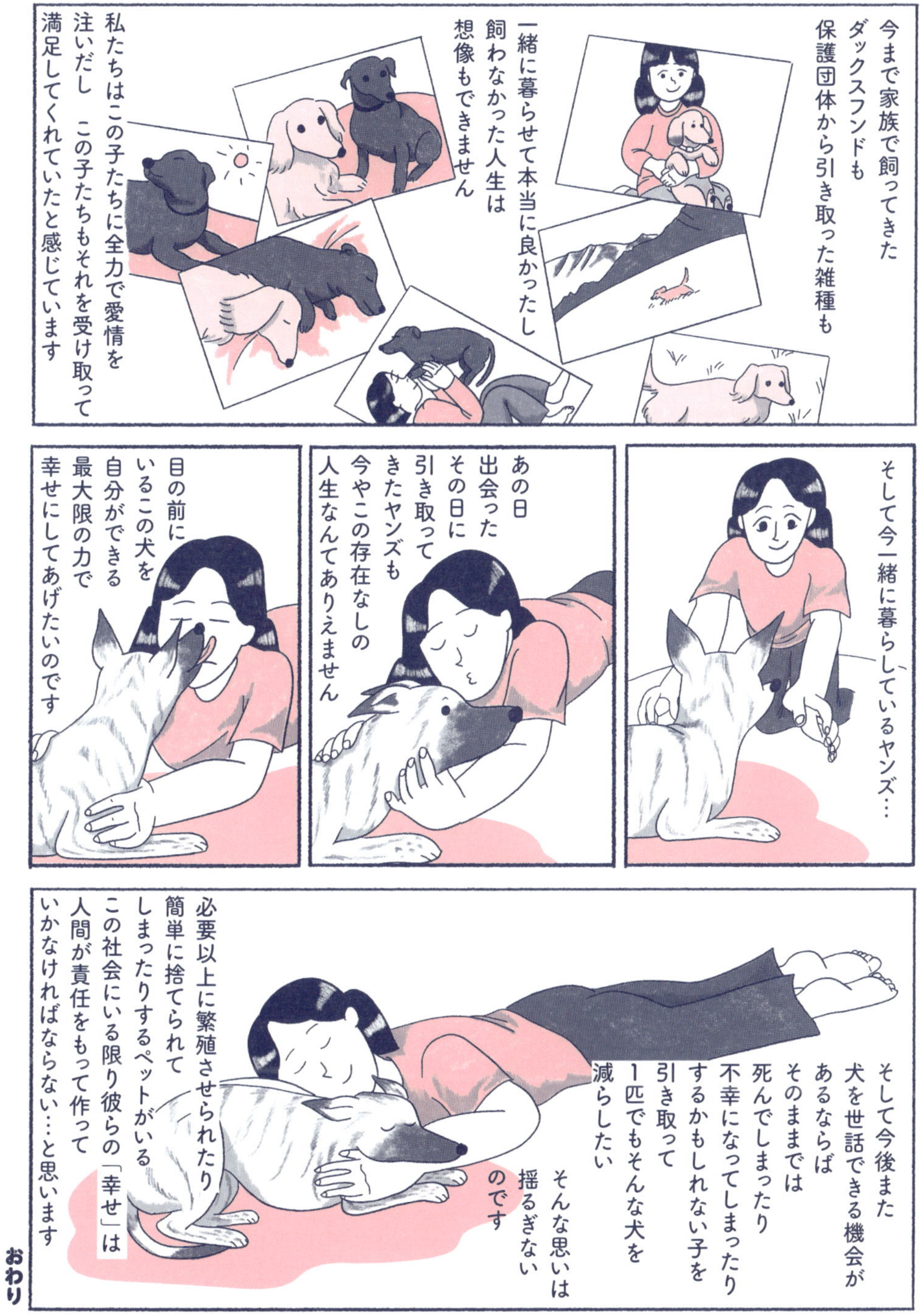
今まで家族で飼ってきた
ダックスフンドも
保護団体から引き取った雑種も
一緒に暮らせて本当に良かったし
飼わなかった人生は
想像もできません
私たちはこの子たちに全力で愛情を
注いだし　この子たちもそれを受け取って
満足してくれていたと感じています
そして今一緒に暮らしているヤンズ…
あの日
出会った
その日に
引き取って
きたヤンズも
今やこの存在なしの
人生なんてありえません
目の前に
いるこの犬を
自分ができる
最大限の力で
幸せにしてあげたいのです
そして今後また
犬を世話できる機会が
あるならば
そのままでは
死んでしまったり
不幸になってしまったり
するかもしれない子を
引き取って
1匹でもそんな犬を
減らしたい
そんな思いは
揺るぎない
のです
必要以上に繁殖させられたり
簡単に捨てられて
しまったりするペットがいる
この社会にいる限り彼らの「幸せ」は
人間が責任をもって作って
いかなければならない…と思います
おわり

宜蘭おすすめスイーツ

宜蘭に来たらぜひ食べてほしい
おすすめのスイーツをご紹介します。

「幸福豆花」の豆花

豆花《トウファ》は豆腐のスイーツ。トッピングはタピオカ、茹で落花生、あずき、緑豆などが定番でお店によってはさらにたくさん。静かな通りのこのお店は基本に徹していて豆花入門にぴったり。宜蘭のショッピングモール「新月」の近くの静かな住宅街にあります。

「Link CUISINE 杏福甜品」の杏仁豆腐

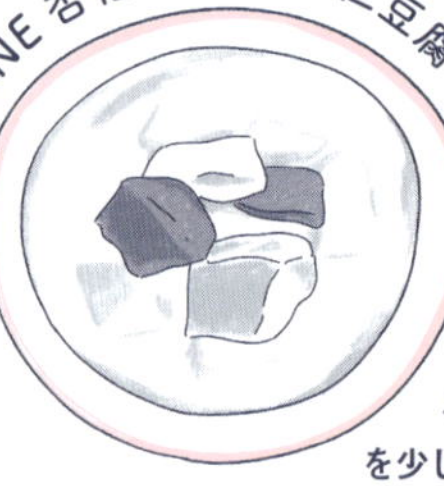

かき氷屋さんが一緒に杏仁豆腐を売っているパターンもありますが、こちらのお店のように杏仁豆腐だけを売るところも多くあります。旧市街を少し南にはずれた小学校近くのここは、温冷どちらも楽しめます。

「老饕焼仙草紅豆湯円」の仙草スイーツ

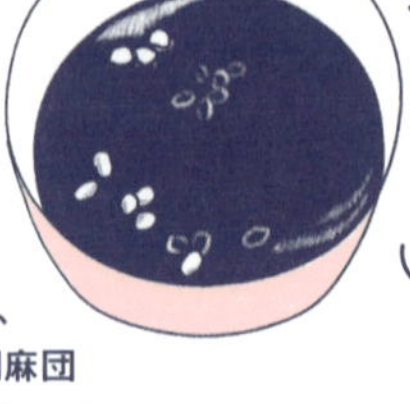

仙草《シェンツァオ》は台湾で愛されるハーブのスイーツ。夏は冷たいゼリー、冬は暖かいスープでいただく健康的なおやつです。冬に並ぶぜんざいは甘さ控えめ、代わりに中に入っている胡麻団子が甘いです。飲食店が並ぶ賑やかな通りのこのお店はテイクアウトのお客さんで常に賑わっています。

第四章

台湾から日本へ

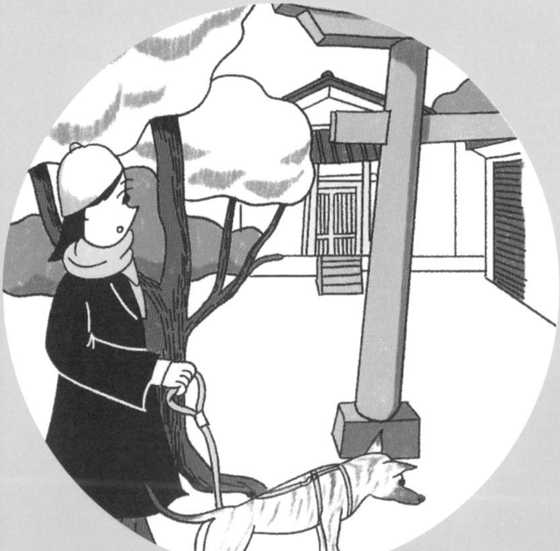

台湾ドッグ in 日本
台湾から日本に帰って来ました
2人と1匹で住んだことのなかった茨城県のとある街で新しい生活を始めました
ヤンズが遊べる自然があることやヤンズが窮屈でない家に住めることが大事な条件でした
広めの家
自然たくさん
この犬を満足させたい!!
のんびりした台湾にいたので日本に帰るまでは
日本はルールだらけで犬も自由に散歩できなくて
いつの間にか偏ったイメージ…
連れて行けるところも少なくて世間の目が厳しくて犬は窮屈なのでは…
などと勝手に怯えていました…

ところが今
家の近くの土手や公園で
たくさんの犬のお友達ができて
のびのび楽しそうにしています
↑台湾で友達が少なかった
犬を連れて行けるところも
意外とたくさんありますし
イベントもたくさんあります
外席がないかどこでもチェック
私たちに飼われて
日本に移住してしまった
台湾生まれのヤンズ
つくば山に登ったり…
犬の幸せに正解はありませんが
犬らしく　できる範囲で
楽しく幸せな時間を
一緒に過ごすのみです!

おわり

初めての日本の家

台湾ドッグ（雑種）のヤンズ
初めての日本の家——
障子は破れ
ビリッ
畳に傷がつき
ガリ
ふすまに穴が開きました
ビリ
バキ

ヤンズとちゃぶ台

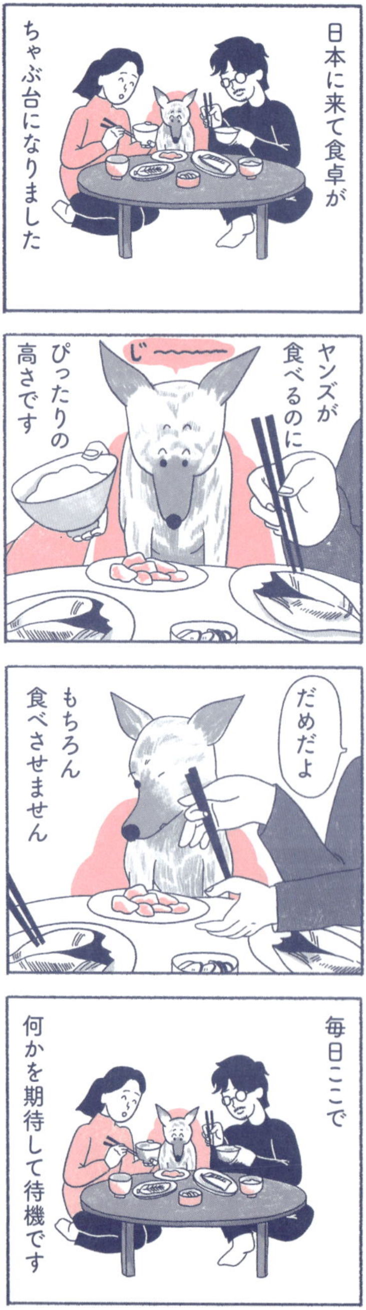
日本に来て食卓が
ちゃぶ台になりました
じ〜〜〜
ヤンズが食べるのに
ぴったりの高さです
だめだよ
もちろん食べさせません
毎日ここで
何かを期待して待機です

窓開閉係

もう来てくれない

こたつへの扉

こたつデビュー

ヤンズとテレビ

ヤンズの由来

おまけ
ヨーロッパで犬を飼う
私が5歳の時に父がウィーンに駐在となり 一家5人はヨーロッパでの生活をスタートさせました
1998年のことです
イギリス
ドイツ
ポーランド
チェコ
フランス
オーストリア
ハンガリー
イタリア
ここです!
そして姉と母の積年の夢が叶うことに
犬を飼おう!
ダックスがいい!
えー猫がいい
わたし
姉
母
兄
へー
まずはペットショップに行ってみよう
EINGANG
下見だ下見～♪
HUND
Kasse
あれ…犬どころか何の動物もいない!

どのペットショップに行っても犬は見つからなかったのです
会社の現地職員に聞いてみるわ
こちらでは犬猫はブリーダーから買うのが基本ですペットショップにたまに置かれていますがそういうのは東欧から不法に入って来ている可能性が高いので買っちゃダメですダックスが飼いたいならブリーダーを探してあげましょう
会社の現地採用の人
ほう…
そして我々はブルゲンランドという街のブリーダーさんの元へ向かいました
ようこそ犬はこっちですよ
ぎょ
ダックスの大群…
→奥からどんどん出てくる
ギャあーー
こわいーー
そして我々は
あまりの多さにロち泣
適齢はこの子だよ
カンパリです
ほれ触ってみな
カンパリと出会い…
私も5分で犬派へと転じたのでした
ペロペロ
きゃーぁ…
ウフ…
フフフ…

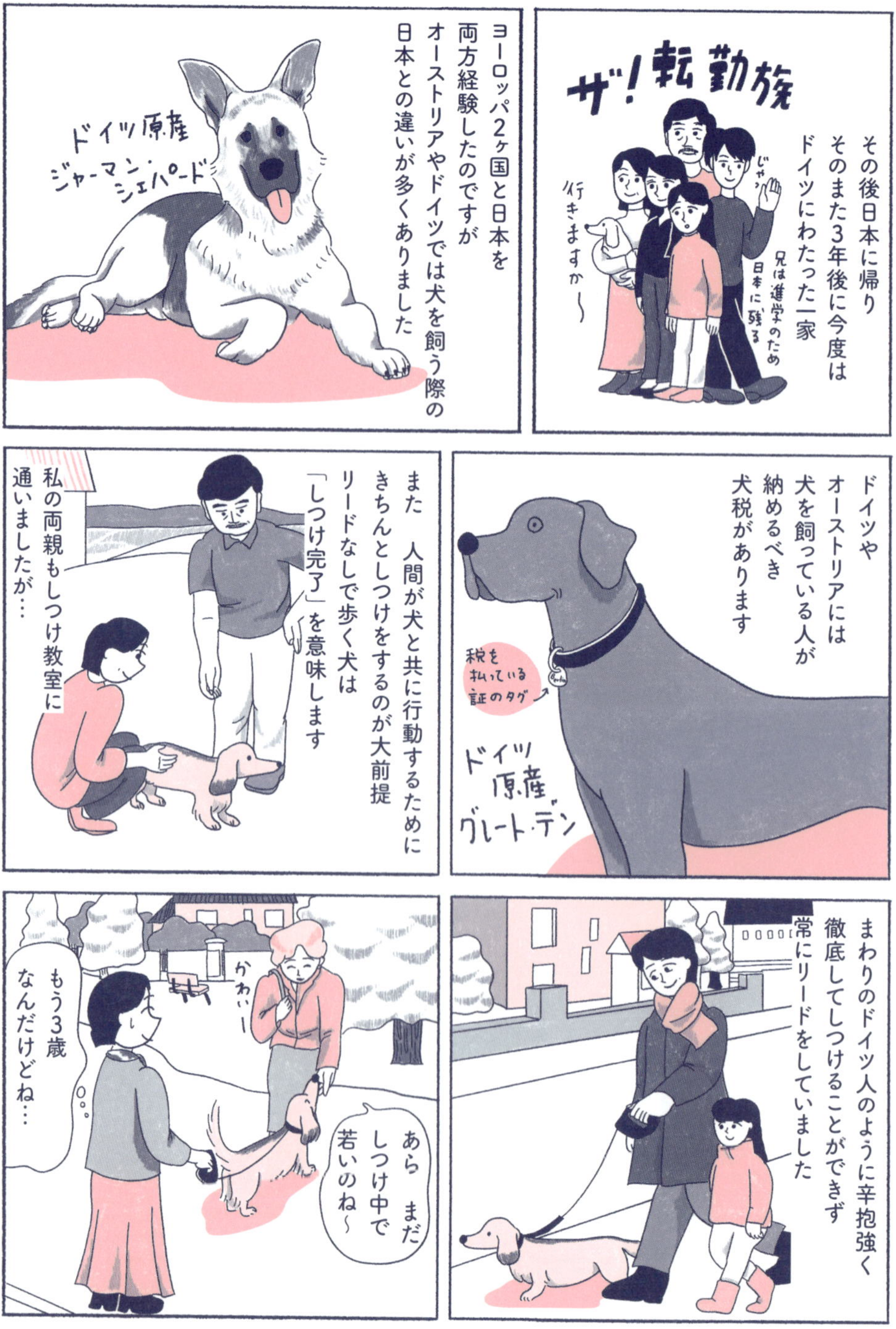
ザ!転勤族
その後日本に帰り
そのまた3年後に今度は
ドイツにわたった一家
じゃっ
兄は進学のため日本に残る
行きますか〜
ヨーロッパ2ヶ国と日本を
両方経験したのですが
オーストリアやドイツでは犬を飼う際の
日本との違いが多くありました
ドイツ原産
ジャーマン・シェパード
ドイツや
オーストリアには
犬を飼っている人が
納めるべき
犬税があります
税を払っている証のタグ
ドイツ原産
グレート・デン
また 人間が犬と共に行動するために
きちんとしつけをするのが大前提
リードなしで歩く犬は
「しつけ完了」を意味します
私の両親もしつけ教室に
通いましたが…
まわりのドイツ人のように辛抱強く
徹底してしつけることができず
常にリードをしていました
かわいー
あら まだ
しつけ中で
若いのね〜
もう3歳
なんだけどね…

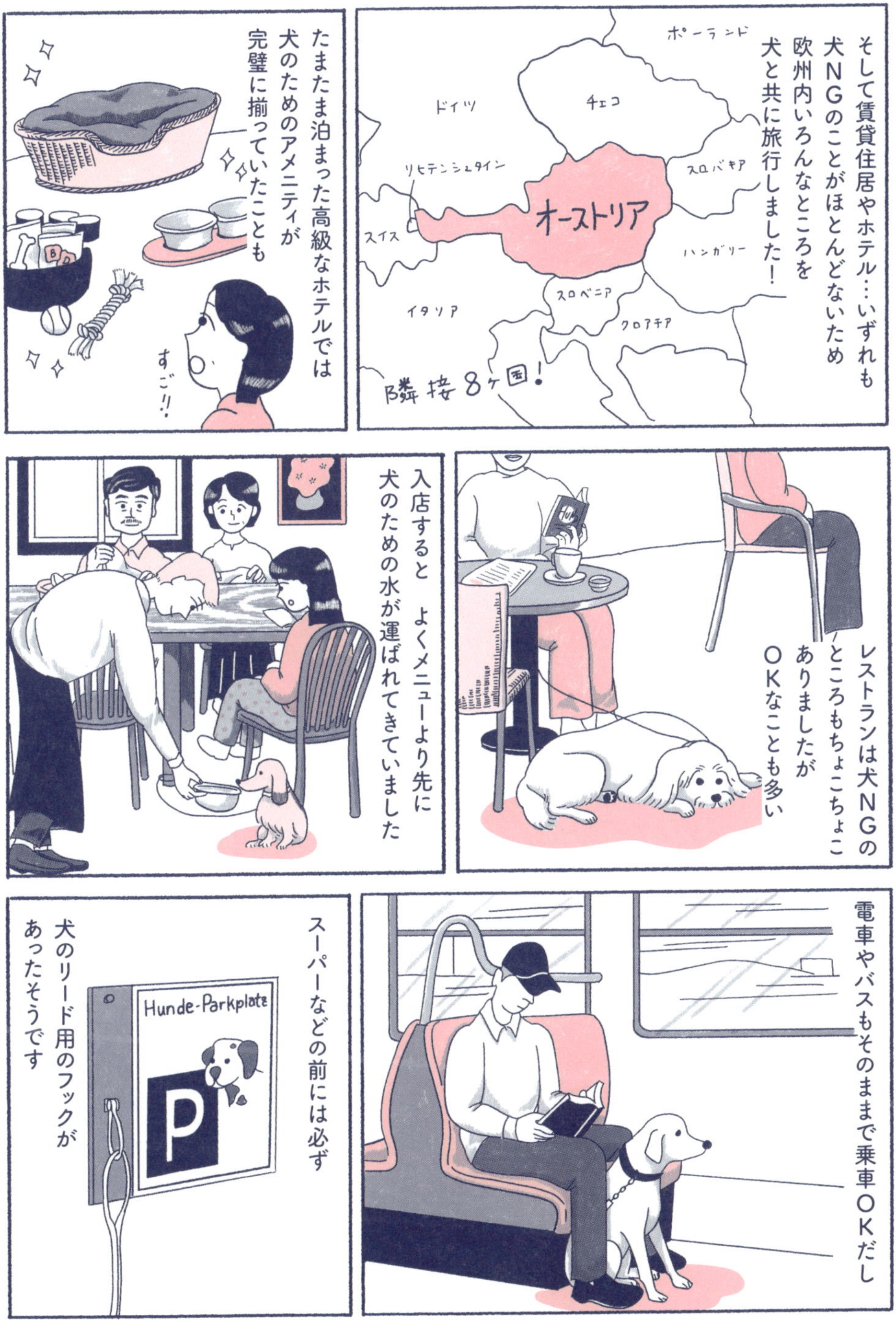
そして賃貸住居やホテル…いずれも
犬NGのことがほとんどないため
欧州内いろんなところを
犬と共に旅行しました！
ポーランド
ドイツ
チェコ
リヒテンシュタイン
スロバキア
オーストリア
スイス
ハンガリー
スロベニア
イタリア
クロアチア
隣接8ヶ国！
たまたま泊まった高級なホテルでは
犬のためのアメニティが
完璧に揃っていたことも
すご!!
レストランは犬NGの
ところもちょこちょこ
ありましたが
OKなことも多い
入店すると　よくメニューより先に
犬のための水が運ばれてきていました
電車やバスもそのまま乗車OKだし
スーパーなどの前には必ず
犬のリード用のフックが
あったそうです
Hunde-Parkplatz
P

また
ドイツでは犬の飼い方が
法律で定められています
居住
環境
外の見える窓
動ける面積
飼い主と
触れあう時間
クレートに
入れられる時間
散歩の回数…
動物愛護の志が
とても高いのです
ある冬の寒い日に
ドイツで犬と散歩していた母は…
あなた!こんなに
震えてるじゃない!
コートの中に
入れて
あげなさい!
はっ
はい!
…と
見知らぬ人から
怒られることも
あったとか…
レストランでおりこうに待つ
ヨーロッパの犬と我々の中途半端な
しつけでおりこうにできない
うちの犬との差が現れてしまうことも
よくありました
うちの犬だけ
うるさい
気まずい
それもまたカンパリとの思い出
こんな私たちと一緒に暮らしてくれて
ありがとう　カンパリ
おわり

おわりに

台湾で暮らした２年間、台湾という土地と人々が自然をありのままで受け入れているあり方を肌で感じました。そんな台湾の雰囲気を本書で少しでも感じていただけたら何よりです。

私は台湾で出会った犬を日本に連れて帰りましたが、それにより彼女の一生は決定的に変わりました。良い方向になのか、悪い方向になのか、それは彼女にさえ分からないことかもしれません。飼い犬の一生は飼い主の都合で決まります。そのことをもっと自覚しなければいけないのだと、台湾で様々に暮らす犬に教えてもらいました。

本書の出版を実現してくださった編集者の櫺渕美紀さん、素敵な色彩でまとめてくださったデザイナーの塚田佳奈さんに心からお礼を申し上げます。そして、櫺渕さんに私の漫画を紹介してくださった、ツキと暮らしている典子さん、台湾で出会ったすべての動物、自然、友人と、私を台湾に導いてくれた夫に感謝します。
最後に、今まで私の人生にたくさんの喜びを与えてくれたカンパリ、チノそしてヤンズに最大の敬意と愛を。

Kanbin Nagata
かんびん・ながた

イラストレーター。幼少期を海外で過ごす。早稲田大学建築学科卒業後、2021年から東京と台湾を拠点にイラストレーターとして活動する。2024年1月に帰国、現在茨城県に住む。日常の中の小さな非日常を描いている。

デザイン／塚田佳奈（ME&MIRACO）
校正／共同制作社
編集／櫃渕美紀

台湾「ワン」ダフルライフ

発行日 2025年3月21日　初版第1刷発行

著者　Kanbin Nagata
発行者　秋尾弘史
発行所　株式会社 扶桑社
〒105-8070
東京都港区海岸 1-2-20　汐留ビルディング
電話　03-5843-8583（編集）
03-5843-8143（メールセンター）
www.fusosha.co.jp
印刷・製本　サンケイ総合印刷株式会社

ISBN978-4-594-09865-0